高等院校信息类新专业规划教材

大数据和人工智能技术丛书

演化机器学习

徐 华 编著

北京邮电大学出版社

www.buptpress.com

内 容 简 介

　　近年来,演化计算作为计算智能中传统的优化技术,已经广泛应用于求解各种数据挖掘问题,形成了一种基于遗传的机器学习新范式学习分类器。一方面,在真实场景中采集的原始数据不可避免地包含着冗余乃至噪声属性的信息,这些不相关的特征将对学习分类器算法的学习性能与计算效率造成负面影响。另一方面,学习分类器以显式规则表示目标概念,在监督学习或强化学习机制的基础上,利用演化算法对规则空间进行搜索,从而完成学习任务。规则空间的有效搜索是影响学习分类器性能的关键。针对上述问题,本书的主要探讨内容:一是学习分类器与特征选择方法,重点是做两者的整合研究,将学习分类器的分类模型构建过程与特征选择的特征子集搜索过程统一集成在基于遗传的机器学习框架下,同时改善分类算法的预测性能与运行效率;二是从提高规则空间的搜索质量出发,着眼于分类问题,介绍了基于分布估计算法的学习分类器。

　　本书可作为大数据及人工智能等相关专业的教材与参考用书。

图书在版编目(CIP)数据

演化机器学习 / 徐华编著. -- 北京:北京邮电大学出版社,2021.4
ISBN 978-7-5635-6330-2

Ⅰ.①演… Ⅱ.①徐… Ⅲ.①机器学习 Ⅳ.①TP181

中国版本图书馆 CIP 数据核字(2021)第 027485 号

策划编辑:姚　顺　刘纳新　　**责任编辑:**刘　颖　　**封面设计:**七星博纳

出版发行:北京邮电大学出版社
社　　址:北京市海淀区西土城路 10 号
邮政编码:100876
发 行 部:电话:010-62282185　传真:010-62283578
E-mail:publish@bupt.edu.cn
经　　销:各地新华书店
印　　刷:北京玺诚印务有限公司
开　　本:787 mm×1 092 mm　1/16
印　　张:15
字　　数:314 千字
版　　次:2021 年 4 月第 1 版
印　　次:2021 年 4 月第 1 次印刷

ISBN 978-7-5635-6330-2　　　　　　　　　　　　　　　　　定价:45.00 元

大数据和人工智能技术丛书

顾 问 委 员 会

　　伴随着信息技术和移动互联网技术的发展以及社会经济数字化进程的加快，以计算机、智能硬件为代表的数字化移动设备已经渗透到社会领域的方方面面，正在深刻地改变着传统的工作和生活方式。一方面，网络移动互联技术的普及为信息化革命注入了强大活力，覆盖全球的移动互联网为人们提供了一个方便快捷又廉价的信息发布平台，从而带来了数据规模的爆炸性增长。另一方面，云存储技术与数据库技术的发展也为收集并存储这些海量数据提供了便利。然而，虽有海量的数据，若缺乏强有力的数据分析工具则只能带来信息的缺位。时至今日，面对数据的汪洋大海，人们已经将自己置身于"数据泛滥但信息贫乏"的窘境当中。20 世纪 80 年代末，一门致力于在实现数据分析自动化的交叉学科应运而生，这就是至今方兴未艾的数据挖掘（Data Mining，DM）。简言之，数据挖掘指的是从大规模数据中提取有用的信息（知识），因此也被称为从数据中发现知识（Knowledge Discovery from Data，KDD）。作为一门交叉学科，数据挖掘涉及多个领域，既有负责海量数据存储的数据库技术，也有提供强大的运算能力的高性能云计算技术，不过其中最为核心的是进行知识抽取的数据分析技术。从早期的统计学到模式识别（Pattern Recognition，PR），直至当下更为盛行的机器学习（Machine Leaning，ML）、深度学习（Deep Learning），数据挖掘从多个领域汲取养分，增强了本学科海量数据分析的实用性和有效性。

　　现实世界中各个行业、各个部门对于数据挖掘提出的应用需求五花八门，总的说来，数据挖掘任务可以分为两大类：描述性（Descriptive）挖掘与预测性（Predictive）挖掘。前者主要挖掘数据集的一般性质，对应于机器学习领域的无监督学习（Unsupervised Learning）；后者则根据当前数据进行推断并做出预测，其中主要用到的是有监督学习（Supervised Learning）技术。作为一种典型的预测性任务，分类（Classification）旨在找出描述和区分数据类别（或称概念）的分类模型，以便使用该模型预测类别标签值未知的数据实例，模型构建过程中主要的可利用信息是已知类别标签值的训练数据集（Training Dataset）。现实中人们感兴趣的预测值有很大一部分都可以抽象为离散型的类别信息（如文字识别、故障诊断、入侵检测等），故而分类成为一种主要的分析手段。为此，在过去的几十年中，研究人员也提出了许多应用广泛的分类算法，包括决策树（Decision Tree）、朴素贝叶斯分类器（Naive Bayesian Classifier）、k-近邻算法（k-Nearest Neighbor，k-NN）、人工神经网络（Artificial Neural Network，ANN）、支持向量机（Support Vector Machine，SVM）和深度神经网络（Deep Neural Network，DNN）。

近年来，一种新的名为学习分类器（Learning Classifier System，LCS）的机器学习范式正吸引越来越多研究者的注意力。总的来说，学习分类器基于规则归纳的思想，主要致力于解决分类问题。在学习分类器中，处于中心地位的规则学习单元通常是演化计算（Evolutionary Computaion，EC）中的遗传算法（Genetic Algorithm，GA），故而在一部分文献中又被称为基于遗传的机器学习（Genetic-Based Machine Learning，GBML）。通过将学习性能指标定义为优化目标函数，学习分类器实质上将作为学习问题的分类任务转化为传统的优化问题进行求解，继而基于遗传算法的全局优化搜索能力确保规则知识表示的假设空间中一定强度的随机化搜索，以期在合理的运算时间内收敛到较优性能的问题解，从而更好地平衡了算法性能与计算效率这对矛盾。

在实际的分类问题中，一方面，在真实场景中采集的原始数据不可避免地包含着冗余乃至噪声的属性信息，这些不相关的特征将对学习分类器算法的学习性能与计算效率造成负面影响。另一方面，学习分类器以显式规则表示目标概念，在监督学习或强化学习机制的基础上，利用演化算法对规则空间进行搜索，从而完成学习任务。规则空间的有效搜索是影响学习分类器性能的关键。针对上述问题，本书从内容体例上分为上、下两篇，各自自成体系，分别以相对独立的方式对学习分类器中的重要内容加以介绍，以便于读者根据需要分别研读。上篇重点介绍了学习分类器与特征选择方法，重点是介绍两者的整合研究内容，将学习分类器的分类模型构建过程与特征选择的特征子集搜索过程统一集成在基于遗传的机器学习框架下，同时改善分类算法的预测性能与运行效率。下篇从提高规则空间的搜索质量出发，着眼于分类问题，介绍了基于分布估计算法的学习分类器。本书的相关内容主要来自作者所在清华大学团队近年来在演化机器学习研究方面的工作积累，力图以比较全面的视角对学习分类器及相关重要问题的研究做一个深入的介绍和探讨。在本书完成之际感谢清华大学计算机系人工智能研究团队成员温赟、杨甲东、袁源、王勃、黄嘉宇、余文梦、孟繁阳等同学为此付出的辛勤努力。

　　本书的相关工作受国家自然科学基金项目（No. 61673235，61175110，60875073，60575057）的持续资助支持，本书的编写工作得到清华大学教育教学改革项目的支持。本书可作为人工智能领域、机器学习领域的学生、研究人员和工程技术人员的教材和参考用书。由于本书相关的内容也处于研究与探讨阶段，不当之处请读者给予指正（请用电子邮件联系：xuhua@tsinghua.edu.cn）。同时我们持续性的相关研究工作与成果会公开在共享网站：https://github.com/thuiar。

徐　华

于清华大学

目 录

上篇　演化机器学习——内嵌特征选择的学习分类器

第 1 章　上篇引言 ··· 3

1.1　研究背景 ··· 3

1.2　上篇主要内容 ·· 6

1.3　上篇的结构安排 ·· 7

第 2 章　相关工作综述 ··· 8

2.1　概述 ·· 8

2.2　学习分类器研究 ·· 9

　2.2.1　进化计算 ·· 9

　2.2.2　基于遗传的机器学习思想 ······································ 10

　2.2.3　Michigan 式学习分类器研究进展 ·························· 12

　2.2.4　Pittsburgh 式学习分类器研究进展 ······················ 13

2.3　特征选择方法综述 ·· 15

　2.3.1　机器学习中的特征选择问题描述 ··························· 16

　2.3.2　特征选择的搜索模型 ·· 17

　2.3.3　Filter 方法 ·· 19

　2.3.4　Wrapper 方法 ·· 20

　2.3.5　Embedded 方法 ··· 21

2.4　本章小结 ·· 21

第 3 章　基于 Memetic 算法的 Wrapper-Filter 特征选择方法 ················ 23

3.1　概述 ················ 23

3.2　Memetic 算法 ················ 24

　　3.2.1　Memetic 算法思想起源 ················ 24

　　3.2.2　Memetic 算法框架 ················ 25

3.3　基于 MA 的混合式 Wrapper-Filter 特征选择方法 ················ 28

　　3.3.1　算法设计思想 ················ 28

　　3.3.2　算法整体框架 ················ 29

　　3.3.3　全局搜索的 GA-Wrapper ················ 30

　　3.3.4　局部搜索的 Relief-Filter ················ 32

　　3.3.5　计算复杂度分析 ················ 34

3.4　本章小结 ················ 35

第 4 章　基于合作式协同进化内嵌特征选择的学习分类器 ················ 36

4.1　概述 ················ 36

4.2　协同进化算法 ················ 37

　　4.2.1　协同进化思想起源 ················ 37

　　4.2.2　竞争式协同进化算法模型 ················ 38

　　4.2.3　合作式协同进化算法模型 ················ 39

4.3　基于合作式协同进化的学习分类器 ················ 41

　　4.3.1　算法设计思想 ················ 41

　　4.3.2　算法框架 ················ 42

　　4.3.3　分类器演化的 Pittsburgh 式学习分类器算法 ················ 44

　　4.3.4　计算复杂度分析 ················ 45

4.4　本章小结 ················ 46

第 5 章　算法评估结果与分析 ················ 47

5.1　概述 ················ 47

5.2　算法比较实验框架 ················ 48

　　5.2.1　Benchmark 数据集 ················ 48

　　5.2.2　性能评估指标 ················ 48

　　　　5.2.3　实验方法 ·· 50

　　5.3　MFS算法实验结果及分析 ·· 50

　　　　5.3.1　算法参数设置 ·· 50

　　　　5.3.2　实验结果与讨论 ··· 51

　　5.4　CoCoLCS_MFS算法实验结果及分析 ·· 53

　　　　5.4.1　算法参数设置 ·· 53

　　　　5.4.2　实验结果与讨论 ··· 53

　　　　5.4.3　显著性检验 ··· 55

　　5.5　特征选择对学习分类器的影响分析 ··· 55

　　　　5.5.1　预测准确率 ··· 55

　　　　5.5.2　运行时间 ·· 56

　　　　5.5.3　特征约简率 ··· 57

　　　　5.5.4　显著性检验 ··· 58

　　5.6　本章小结 ··· 59

第6章　关于演化搜索的一项扩展性工作——基于混合式 GVNS 算法的多处理器
　　　　任务调度研究 ·· 60

　　6.1　概述 ·· 60

　　6.2　多处理器任务调度 ·· 61

　　　　6.2.1　研究背景 ·· 61

　　　　6.2.2　多处理器任务调度问题模型 ·· 62

　　　　6.2.3　调度算法研究进展 ·· 64

　　6.3　基于启发式策略的混合式 GVNS 调度算法的总体设计 ······················· 67

　　　　6.3.1　混合式设计的算法思想 ··· 67

　　　　6.3.2　算法整体框架 ·· 67

　　6.4　任务优先级定序的启发式策略 ··· 69

　　6.5　全局搜索的遗传算法设计 ··· 70

　　　　6.5.1　种群个体的基因编码 ·· 70

　　　　6.5.2　种群初始化与个体适应度评估 ·· 70

　　　　6.5.3　遗传操作设计 ·· 71

　　6.6　局部搜索的变邻域搜索算法设计 ··· 72

　　　　6.6.1　算法流程 ·· 73

6.6.2 邻域结构设计 ⋯⋯⋯⋯⋯⋯⋯⋯⋯⋯⋯⋯⋯⋯⋯⋯⋯⋯⋯⋯ 74

6.6.3 局部搜索 ⋯⋯⋯⋯⋯⋯⋯⋯⋯⋯⋯⋯⋯⋯⋯⋯⋯⋯⋯⋯⋯⋯ 75

6.7 算法实验结果评估与分析 ⋯⋯⋯⋯⋯⋯⋯⋯⋯⋯⋯⋯⋯⋯⋯⋯⋯ 75

6.7.1 性能评估指标与参数设置 ⋯⋯⋯⋯⋯⋯⋯⋯⋯⋯⋯⋯⋯⋯ 76

6.7.2 确定图上的结果 ⋯⋯⋯⋯⋯⋯⋯⋯⋯⋯⋯⋯⋯⋯⋯⋯⋯⋯ 76

6.7.3 随机图上的结果 ⋯⋯⋯⋯⋯⋯⋯⋯⋯⋯⋯⋯⋯⋯⋯⋯⋯⋯ 80

6.7.4 显著性检验 ⋯⋯⋯⋯⋯⋯⋯⋯⋯⋯⋯⋯⋯⋯⋯⋯⋯⋯⋯⋯ 80

6.7.5 局部搜索有效性分析 ⋯⋯⋯⋯⋯⋯⋯⋯⋯⋯⋯⋯⋯⋯⋯⋯ 82

6.8 本章小结 ⋯⋯⋯⋯⋯⋯⋯⋯⋯⋯⋯⋯⋯⋯⋯⋯⋯⋯⋯⋯⋯⋯⋯ 83

第 7 章 上篇总结 ⋯⋯⋯⋯⋯⋯⋯⋯⋯⋯⋯⋯⋯⋯⋯⋯⋯⋯⋯⋯⋯ 84

7.1 上篇的主要工作总结 ⋯⋯⋯⋯⋯⋯⋯⋯⋯⋯⋯⋯⋯⋯⋯⋯⋯⋯ 84

7.2 未来研究工作展望 ⋯⋯⋯⋯⋯⋯⋯⋯⋯⋯⋯⋯⋯⋯⋯⋯⋯⋯⋯ 85

下篇 演化机器学习——分布估计的学习分类器

第 8 章 下篇引言 ⋯⋯⋯⋯⋯⋯⋯⋯⋯⋯⋯⋯⋯⋯⋯⋯⋯⋯⋯⋯⋯ 89

8.1 研究背景 ⋯⋯⋯⋯⋯⋯⋯⋯⋯⋯⋯⋯⋯⋯⋯⋯⋯⋯⋯⋯⋯⋯⋯ 89

8.2 研究动机 ⋯⋯⋯⋯⋯⋯⋯⋯⋯⋯⋯⋯⋯⋯⋯⋯⋯⋯⋯⋯⋯⋯⋯ 91

8.3 下篇的主要工作 ⋯⋯⋯⋯⋯⋯⋯⋯⋯⋯⋯⋯⋯⋯⋯⋯⋯⋯⋯⋯ 92

8.4 下篇的结构安排 ⋯⋯⋯⋯⋯⋯⋯⋯⋯⋯⋯⋯⋯⋯⋯⋯⋯⋯⋯⋯ 94

第 9 章 分布估计算法和学习分类器 ⋯⋯⋯⋯⋯⋯⋯⋯⋯⋯⋯⋯ 96

9.1 概述 ⋯⋯⋯⋯⋯⋯⋯⋯⋯⋯⋯⋯⋯⋯⋯⋯⋯⋯⋯⋯⋯⋯⋯⋯⋯ 96

9.2 进化计算简介 ⋯⋯⋯⋯⋯⋯⋯⋯⋯⋯⋯⋯⋯⋯⋯⋯⋯⋯⋯⋯⋯ 96

9.3 遗传算法 ⋯⋯⋯⋯⋯⋯⋯⋯⋯⋯⋯⋯⋯⋯⋯⋯⋯⋯⋯⋯⋯⋯⋯ 97

9.4 分布估计算法 ⋯⋯⋯⋯⋯⋯⋯⋯⋯⋯⋯⋯⋯⋯⋯⋯⋯⋯⋯⋯⋯ 99

9.4.1 分布估计算法的基本流程 ⋯⋯⋯⋯⋯⋯⋯⋯⋯⋯⋯⋯⋯ 100

9.4.2 分布估计算法分类 ⋯⋯⋯⋯⋯⋯⋯⋯⋯⋯⋯⋯⋯⋯⋯⋯ 100

9.5 学习分类器 ⋯⋯⋯⋯⋯⋯⋯⋯⋯⋯⋯⋯⋯⋯⋯⋯⋯⋯⋯⋯⋯⋯ 101

9.5.1 Michigan 式学习分类器 ⋯⋯⋯⋯⋯⋯⋯⋯⋯⋯⋯⋯⋯⋯ 102

9.5.2 Pittsburgh 式学习分类器 ⋯⋯⋯⋯⋯⋯⋯⋯⋯⋯⋯⋯⋯ 103

第 10 章　基于 L1 正则化贝叶斯网络的分布估计算法 ················ 106

　　10.1　概述 ··· 106

　　10.2　L1 正则化贝叶斯网络 ·· 107

　　　　10.2.1　贝叶斯网络与 L1 正则化 ································ 108

　　　　10.2.2　候选链接关系建立 ······································ 110

　　　　10.2.3　剪枝搜索 ·· 111

　　10.3　L1 正则化贝叶斯网络与分布估计算法整合 ················ 113

　　10.4　实验设置 ··· 114

　　　　10.4.1　测试函数 ·· 114

　　　　10.4.2　参数配置 ·· 116

　　10.5　优化性能比较 ··· 117

　　　　10.5.1　第一组实验 ·· 117

　　　　10.5.2　第二组实验 ·· 118

　　10.6　模型比较 ··· 125

　　　　10.6.1　测试函数的理想模型 ···································· 125

　　　　10.6.2　模型复杂度比较 ·· 126

　　　　10.6.3　模型准确度比较 ·· 127

　　10.7　本章小结 ··· 129

第 11 章　基于分布估计算法的分类器进化算法 ···················· 131

　　11.1　概述 ··· 131

　　11.2　算法框架介绍 ··· 132

　　11.3　分类器的知识表示 ··· 133

　　11.4　规则进化 ··· 135

　　　　11.4.1　规则评价 ·· 135

　　　　11.4.2　规则重组 ·· 135

　　11.5　规则集进化 ··· 137

　　　　11.5.1　规则集评价 ·· 137

　　　　11.5.2　规则集重组 ·· 138

　　11.6　规则与规则集进化整合 ······································ 139

　　11.7　实验设置 ··· 139

11.7.1　测试数据 ……………………………………………… 141

11.7.2　比较对象 ……………………………………………… 143

11.7.3　评价指标 ……………………………………………… 144

11.7.4　参数设置 ……………………………………………… 145

11.8　实验结果 …………………………………………………… 146

11.8.1　构造问题 ……………………………………………… 146

11.8.2　实际问题 ……………………………………………… 152

11.8.3　参数敏感度分析 ……………………………………… 157

11.9　本章小结 …………………………………………………… 158

第 12 章　面向学习分类器的嵌入式特征选择算法 …………… 159

12.1　概述 ………………………………………………………… 159

12.2　本章相关工作 ……………………………………………… 160

12.3　算法框架介绍 ……………………………………………… 161

12.4　嵌入式特征选择算法 ……………………………………… 162

12.4.1　特征冗余度计算 ……………………………………… 162

12.4.2　特征关联度计算 ……………………………………… 163

12.5　特征选择与学习分类器整合 ……………………………… 165

12.6　实验设置 …………………………………………………… 167

12.6.1　测试数据 ……………………………………………… 167

12.6.2　比较对象 ……………………………………………… 168

12.6.3　评价指标 ……………………………………………… 169

12.6.4　参数设置 ……………………………………………… 170

12.7　实验结果 …………………………………………………… 170

12.7.1　构造问题 ……………………………………………… 170

12.7.2　实际问题 ……………………………………………… 172

12.7.3　参数敏感度分析 ……………………………………… 180

12.8　本章小结 …………………………………………………… 181

第 13 章　基于进化纠错输出编码的多类分类算法 …………… 182

13.1　概述 ………………………………………………………… 182

13.2　纠错输出编码方法简介 …………………………………… 183

13.3　编码矩阵设计 ·· 184

13.3.1　编码矩阵评价 ·· 184

13.3.2　优化方法 ··· 187

13.4　解码策略 ·· 188

13.5　实验设置 ·· 189

13.5.1　测试数据 ··· 189

13.5.2　比较对象 ··· 189

13.5.3　评价指标与参数设置 ·· 190

13.6　实验结果 ·· 190

13.6.1　分类准确率 ·· 190

13.6.2　训练开销 ··· 193

13.6.3　结果复杂度与特征约简率 ······································ 195

13.6.4　纠错输出编码性能 ··· 197

13.7　本章小结 ·· 198

第14章　下篇总结与展望 ··· 200

14.1　下篇总结 ·· 200

14.2　后续工作展望 ·· 201

参考文献 ··· 203

上篇

演化机器学习

——内嵌特征选择的学习分类器

第1章

上篇引言

1.1　研究背景

伴随着信息技术和移动互联网技术的发展以及社会经济数字化进程的加快,以计算机、智能移动硬件为代表的数字化设备已经渗透到日常生活的方方面面,正在深刻地改变着传统的工作和生活方式。一方面,网络移动互联技术的普及为信息化革命注入强大活力,覆盖全球的 Internet 为人们提供了一个方便快捷又廉价的信息发布平台,带来了数据量的爆炸性增长。另一方面,云存储技术与大规模分布式数据库技术的发展也为收集并存储这些海量数据提供了便利。然而,虽有海量的数据,若缺乏强有力的数据分析工具却只能带来信息的缺位或者数据孤岛,时至今日,面对数据的汪洋大海,人们已经将自己置身于"数据泛滥但信息贫乏"的窘境当中[1]。20 世纪 80 年代末,一门致力于在实现数据分析自动化的交叉学科应运而生,这就是至今方兴未艾的数据挖掘(Data Mining,DM)。简言之,数据挖掘指的是从大规模数据中提取有用的信息(知识),因此也被称为从数据中发现知识(Knowledge Discovery from Data,KDD)[1]。作为一门交叉学科,数据挖掘涉及多个领域,既有负责海量数据存储的数据库技术,也有提供强大的运算能力的高性能计算技术,不过其中最为核心的是进行知识抽取的数据分析技术。从早期的统计学[2]到模式识别(Pattern Recognition,PR)[3],直至当下更为盛行的机器学习(Machine Leaning,ML)[4],数据挖掘从多个领域汲取养分,增强了本学科海量数据分析的实用性和有效性。

现实世界中各个行业、各个部门对于数据挖掘提出的应用需求五花八门。总体而言,数据挖掘任务可以分为两大类:描述性(Descriptive)挖掘与预测性(Predictive)挖掘。前者主要挖掘数据集的一般性质,对应于机器学习领域的无监督学习(Unsupervised Learning);后者则根据当前数据进行推断并做出预测,其中主要用到的是有监督学习(Supervised Learning)技术。作为一种典型的预测性任务,分类(Classification)旨在找出描述和区分数据类别(或称概念)的分类模型,以便使用该模型预测类别标签值未知的数据实例,模型构建过程中主要的可利用信息是已知类别标签值的训练数据集(Training Dataset)。现实中人们感兴趣的预测值有很大一部分都可以抽象为离散型的类别信息(如文字识别、故障诊断、入侵检测等),故而分类成为一种主要的分析手段。为此,在过去的几十年中,研究人员也提出了许多应用广泛的分类算法,包括决策树(Decision Tree)、朴素贝叶斯分类器(Native Bayesian Classifier)、k-近邻算法(k-Nearest Neighbor,k-NN)、人工神经网络(Artificial Neural Network,ANN)和支持向量机(Support Vector Machine,SVM)[1]。

传统的决策树算法采用了自顶向下的递归学习方法,从一棵空决策树出发,递增式地加入代表属性测试的判定结点完善原先的决策树,直至当前决策树能够正确区分所有训练数据。决策树构造过程无须任何领域知识或是参数设置,且推理过程符合人类的直观思维,故而具备很好的可用性与可理解性,不过应用在大规模数据集上时有效性会急剧降低,缺乏可扩展性。

朴素贝叶斯分类器以经典概率论中的贝叶斯定理为基础,使用概率表示形式化的不确定性,运用概率推理实现整个学习过程,学习结果也表现为随机变量的概率分布。相较于其他分类算法,贝叶斯分类具有理论上最小的错误率。然而,由于实践中对其使用的假定(类条件独立性)无法支持,以及难以获取可用的概率数据,实际情况往往与理论不尽一致。

k-近邻分类方法是一种基于实例的学习方法(Instance-Based Learner),所有训练样本只是进行简单的存储,直至给定一个测试样本,才从中找出 k 个"距离"最邻近的训练样本并基于样本的相似性进行分类。这种直到需要预测时才开始学习的做法又被称为惰性学习(Lazy Learning)。当训练样本集规模较大时,该方法需要有效的存储技术并会导致较高的计算开销。此外,算法对所有特征属性一视同仁,如果存在大量的相关属性,方法的可行性与可解释性也将受到质疑。

人工神经网络是一种在连接主义(Connectionism)指导下的机器学习算法,粗略地说,神经网络是由一组连接的输入/输出单元构成的自适应组织系统,每个连接都关联着一个权重,通过训练样本数据对这些参数进行调整,从而使得神经网络具有分类的能力。神经网络可以承受很高的数据噪声,健壮性极佳,且具备固有的并行性,适合使用并行计算技术进行加速。不过,神经网络像一个"黑盒",学习结果的可解释性较差。近年来以多层次的深度神经网络为代表的深度学习模型(Deep Learning,DL)由于在特征的表示学习与分类预测方面的优异效果,得到了广泛的应用与深度的研究。

支持向量机是一种基于统计学习理论的方法,算法基于训练集中包含关键信息的数据样本(被称为支持向量),通过在高维空间的非线性映射构建最佳分割超平面,同时最小化预测的经验风险与真实风险,从而获得最佳的泛化能力。经过几十年的发展,支持向量机对于二分类问题的研究已经取得很大进展,是许多应用领域的默认分类器。但是,支持向量机对于多分类问题缺乏有力的直接支持,需要逐步进行学习,且通常具有很高的计算开销。

近年来,一种新的名为学习分类器(Learning Classifier System,LCS)的机器学习范式正吸引越来越多研究者的注意[5]。总的来说,学习分类器基于规则归纳的思想,主要致力于解决的就是分类问题。在学习分类器中,处于中心地位的规则学习单元通常是进化计算(Evolutionary Computaion,EC)中的遗传算法(Genetic Algorithm,GA),故而在一部分文献中又被称为基于遗传的机器学习(Genetic-Based Machine Learning,GBML)[6]。通过将学习性能指标定义为优化目标函数,学习分类器实质上将作为学习问题的分类任务转化为传统的优化问题进行求解,继而基于遗传算法的全局优化能力确保规则知识表示的假设空间中一定强度的随机化搜索,以期在合理的运算时间内收敛到较优性能的问题解,从而更好地平衡了算法性能与计算效率这对矛盾。

在实际的分类问题中,不但会出现海量规模的训练样本集,单个样本实例的属性描述也呈现高维化的趋势。在实际应用场景中采集的众多属性数据中,不可避免地存在冗余的、不相关的甚至是噪声的特征,这些不相关特征将会对分类算法的性能和效率造成不良影响[7]。因此,数据降维是每种分类算法在实际应用中无法回避的问题。特征选择(Feature Selection,FS)正是一项在解决该问题中应用广泛的技术。简要地说,特征选择就是从原始特征全集中挑选出包含关键信息的最优特征子集,使得以之驱动的分类过程预测准确率最大化。由此可知,特征选择本质上也是一个组合优化问题。鉴于在传统优化问题上展现出来的强大搜索能力,以遗传算法为代表进化计算方法很自然地被用于求解特征选择问题,并在近年来得到更为广泛的应用。

尽管学习分类器与基于进化计算的特征选择方法都包含了基于遗传的机器学习思想,具有很强的共通性,但是针对这两者的整合研究却尚付阙如。如前所述,分类与特征选择本就是密切相关的两个数据挖掘任务,各行其是的求解方式无疑是对计算资源的浪费。如果能将两者整合在一起,无疑对学习分类器算法求解实际数据挖掘问题具有很高的应用价值。

本篇的研究工作受国家自然科学基金项目(No. 61673235,61175110,60875073,60575057)持续资助,主要的研究对象就是学习分类器与特征选择方法,重点是做两者的整合研究,将学习分类器的分类模型构建过程与特征选择的特征子集搜索过程统一集成在基于遗传的机器学习框架下,同时改善了分类算法的预测性能与运行效率。

1.2　上篇主要内容

为了达成整合学习分类器与特征选择方法的最终目标,本书上篇将主要从以下四个方面论述和介绍相关的研究工作:

首先,在系统而深入的文献综述的基础上,详细地评述了学习分类器与特征选择这两个研究领域现有的几种主流方法,包括方法中蕴含的算法设计思想以及具有代表性的算法实现,并对各种方法具备的优势以及存在的问题做出细致分析,为后续讨论介绍先进完善的改进算法提供理论指导。

其次,基于进化计算领域 Memetic 算法的设计范式,综合了特征选择中 Wrapper 方法与 Filter 方法的设计思想,介绍了一种混合式特征选择方法。该方法利用基于 Filter 方法相关性度量的特征排名信息指导 Wrapper 方法中特征子集的局部搜索过程,以改善特征选择的搜索性能。

再次,在进化计算领域协同进化思想的启发下,基于合作式协同进化算法的设计框架,集成了学习分类器的分类器演化过程与本书提出的混合式特征选择方法中的特征子集搜索过程,从而提出了一种内嵌特征选择的学习分类器算法,以期在改善分类性能的同时也提高算法的运行效率。

最后,使用 UCI 数据集①中提供的分类问题 Benchmark 数据集,对所介绍的内嵌特征选择的学习分类器算法进行了完善的算法评测,并与其他的一些经典分类算法相比较,验证算法的有效性。

---

① http://www.ics.uci.edu/mlearn/MLRepository.html

除此之外,本书上篇还介绍了与协同进化优化调度策略相关的一个典型应用——"基于混合式 GVNS 算法的多处理器任务调度"。这一部分工作主要研究的是多处理器系统上的静态任务调度问题,同是基于 Memetic 算法框架,介绍了一种基于 GA 结合局部搜索演化任务分配方案的混合式 GVNS 任务调度算法,并在算法中利用启发式策略计算任务的优先级,体现了领域的专家知识对进化过程的指导,与其他最新式的任务调度算法的比较实验进一步验证了算法的有效性。

1.3　上篇的结构安排

本书上篇各章节的内容安排如下:

第 1 章为上篇引言,简要阐述了内容背景、意义与研究现状,进而引出本书所介绍的主要论述目的,最后介绍了主要内容与上篇的结构安排。

第 2 章为相关工作综述,对学习分类器与特征选择的方法基础与研究进展做出详细剖析,并总结了已有研究的优势与不足,奠定了本书上篇部分的理论基础。

第 3 章针对特征选择现有的不足,结合 Memetic 算法设计框架,提出了一种混合式的特征选择方法。首先回顾了进化生物学中 Memetic 学说出现的思想发展历程,接着介绍了受该学说启发在进化计算领域兴起的 MA 框架,最后是基于 MA 的混合式特征选择方法的算法描述。

第 4 章首先回顾了协同进化在进化生物学中的思想起源,接着介绍了两种主要的协同进化算法设计框架,最后基于合作式协同进化算法将上一章提出的混合式特征选择方法集成到学习分类器的演化过程中,讨论和介绍了一种内嵌特征选择的学习分类器算法。

第 5 章结合 UCI 网站上提供的分类问题 Benchmark 数据集对前两章提出和讨论的算法进行了细致的算法评测,特别是针对整合特征选择后的学习分类器算法,与众多经典的分类算法进行了范围广泛的比较性实验分析,验证了整合式设计的有效性。

第 6 章介绍了多处理器任务调度部分的研究实践工作。首先是对多处理器任务调度问题的背景描述,以及对任务调度算法研究现状的综述,接着重点介绍了混合式调度算法的设计思想以及各方法要素的算法设计细节,最后是对算法性能的比较性实验分析。

第 7 章对上篇的介绍内容进行了总结,并分别展望了本领域中值得继续深入研究的若干问题。

第 2 章
相关工作综述

2.1 概　　述

作为本书主要研究与讨论内容,学习分类器是一种基于进化计算方法的机器学习范式,其利用进化算法提供的全局优化能力保证了学习性能,成为近些年来备受瞩目的一种机器学习方法。随着研究的深入,研究人员已经越来越多地将学习分类器运用于实际应用场景之中。然而,实际应用中的高维数据通常包含大量噪声或是冗余信息,这些不相关数据将给机器学习算法带来性能和效率上的双重麻烦。为了保证实际应用中的学习性能,机器学习算法通常都需要考虑运用特征选择等数据降维技术从原始数据中遴选出最关键的特征信息。

本章将对构成本书上篇两大研讨要点的学习分类器和特征选择方法分别做相关文献综述。其中,2.2 节主要介绍学习分类器的相关研究情况,其中包括作为学习分类器核心的进化计算方法的概述、进化计算用于求解机器学习问题的算法思想以及学习分类器两大主流分支的研究现状;2.3 节则从机器学习中的特征选择问题描述入手,介绍特征选择方法的相关研究,其中还包括三大类特征选择方法的算法思想、发展现状以及各自的优缺点;2.4 节是本章的小结,将从之前两大方面的研究现状分析中引出上篇重点讨论和介绍的内容。

2.2 学习分类器研究

学习分类器(Learning Classifier System,LCS)是一种基于进化计算方法的机器学习范式。1976 年,Holland 在文献[8]中第一次提出 LCS 的概念框架,历经近四十年的发展,LCS 无论是在理论基础上还是在方法应用上都取得了长足的进步,成为一个很有竞争力的机器学习范式[9]。

本节将首先概述作为学习分类器框架核心的进化计算方法,接着阐明如何将进化计算方法用于求解机器学习问题,最后针对 LCS 研究中两大主流分支类别(Michigan 式与 Pittsburgh 式),分别介绍其主要思想、方法框架和典型的算法实现。

2.2.1 进化计算

进化计算是一种使用计算机程序模拟自然界生物进化与选择过程以进行问题求解的人工智能技术①。进化计算的思想主要源于生物学领域中达尔文的进化论[10]与孟德尔的遗传变异理论[11],两者的理论都试图对自然界中各物种的自适应进化过程做出解释。达尔文在《物种起源》一书中创立了进化论,其核心思想就是"物竞天择,适者生存"的自然选择,按照达尔文的理论,生物个体竞争形成的选择压力将使得种群(Population)倾向于保留对外部环境更为适应的个体。孟德尔创立的遗传学则是从微观的角度研究生物的繁殖过程(Reproduction),通过观察豌豆杂交实验,他发现了父代个体通过繁殖将其自身携带的生物特征传递到后代(Offspring)的遗传现象。为了解释该现象,孟德尔引入了基因(Gene)的概念,将其定义为控制生物特征的基本遗传单元,并提出了遗传学两大基本定律。其后的研究者把对基因信息进行生物编码的实体命名为染色体(Chromosome),并定义了遗传过程中两个基本的基因操作交叉(Crossover)与变异(Mutation)。

总的说来,进化计算方法就是受到上述思想的启发,通过计算机程序人工创建了一个由问题待选解组成的"种群",并根据问题优化目标定义相应的适应度函数,其后迭代式地在该种群个体之间执行交叉、变异等遗

---

① 更确切地说,属于计算智能(Computational Intelligence)技术的一种。

传操作,使之收敛到适应度较高的个体。实质上,交叉变异操作就是在问题解空间上进行搜索,而算法收敛后所得到的个体通常也就对应着目标问题的优化解。

　　进化计算的相关研究发轫于 20 世纪 60 年代,在随后几十年的研究历程中,不断有新算法提出并被归类到进化计算这个大框架之下。按照传统的分类[12],进化计算方法可以划分为以下四大类①:进化策略(Evolution Strategies,ES)[14]、进化编程(Evolutionary Programming,EP)[15]、遗传算法(Genetic Algorithm,GA)[16,17]、遗传编程(Genetic Programming,GP)[18]。其中,遗传算法是应用最为广泛的进化计算范式,一个典型的遗传算法迭代过程可用图 2.1 表示。传统的遗传算法被用于解决组合优化(Combinatorial Optimization)问题,相较于其他传统的优化技术,GA 拥有基于种群的全局搜索能力,故而通常能够得到更好的优化性能。为了更加深入地探究遗传算法搜索过程的内部机制、收敛性以及参数化等问题,研究者也进行了不懈的努力,提出了模式定理(Schema Theorem)[8]、基于积木块假设(Building Block Hypothesis)的多面分析(Facetwise Analysis)[19]等形式化理论,为遗传算法的应用研究和设计提供了很好的理论指导。

图 2.1　遗传算法迭代示意图

2.2.2　基于遗传的机器学习思想

　　遗传算法提出之初,通常只用于解决离散型的组合优化问题。然而,

---

　　①　近年来,研究人员又提出了一种基于概率模型的新范式——分布估计算法(Estimation of Distribution Algorithm,EDA)[13]。该算法采用基于概率论模型的抽样(Sampling)操作取代了传统的交叉操作,以期使搜索过程建立在更加坚实的理论模型之上。

遗传算法在知识表示方式上实则拥有很高的灵活性,加之基于种群的全局搜索能力,以及大量应用中表现出良好的算法健壮性,研究人员逐渐将其用于其他复杂问题的求解,其中就包括机器学习问题。

通俗地说,机器学习(Machine Learning,ML)研究的是可以通过经验来提高某任务处理性能的计算机程序。根据 Mitchell 在经典教材[4]中给出的定义,我们可以广义地描述机器学习如下。

定义 2.1　针对某类任务 T,如果一个计算机程序可以根据经验 E 不断自我完善以提高用 P 衡量的任务处理性能,那么可以称这个计算机程序针对任务 T 从经验 E 中学习,其学习性能可以用 P 来衡量。

遵循这个宽泛的定义,许多方法、技术都可以归类到机器学习的范畴中。根据所求解问题的属性,机器学习可以大致分为以下三类:

- 有监督学习(Supervised Learning):其任务是寻求一个输入属性(特征)到输出属性(标签)之间的映射。根据输出属性的数据类型,有监督学习又可以进一步细分为离散型的数据分类(Data Classification)和连续型的数据回归(Data Regression)。

- 无监督学习(Unsupervised Learning):在该类学习任务中,数据仅具有最输入属性,学习的目的是发现输入数据中潜在的新奇规律,在数据挖掘领域,无监督学习又被称为数据聚类(Data Clustering)。

- 强化学习(Reinforcement Learning):作为介于上述两者之间的学习任务,强化学习致力于使一个能够感知环境状态的自治 Agent 通过学习可以选择到能最大化目标回报(Reward)的最优动作。

无论是何种机器学习任务,其中都包含着最优化的思想,学习的目标就是最大化学习性能 P。以分类问题为例,通过在训练数据集上构建将特征向量映射到标签值分类模型,最大化该模型在测试数据集上的预测准确率。因此,将学习性能指标 P 定义为优化的目标函数,一个机器学习问题就可以方便地转化为一个优化问题,至此,遗传算法等全局优化技术便有了用武之地,这种问题转化的处理方式正是基于进化的机器学习的核心思想。作为基于遗传的机器学习范式,学习分类器在提出之初被用于动物行为的建模[20],这实质上属于强化学习的范畴。发展至今,学习分类器已经可以解决包括有监督学习和无监督学习在内的所有机器学习问题[21-23],这种方便处理各类任务的灵活性也是 LCS 相较于其他单一化机器学习范式的一大优势。

根据遗传算法在 LCS 整体框架中所处的位置①,可以大致将 LCS 相关研究划分为 Michigan 式与 Pittsburgh 式两大分支,以下两小节将分别对其进行介绍。

2.2.3　Michigan 式学习分类器研究进展

Michigan 式学习分类器这一分支秉承了 Holland 早先在相关文献(文献[26])中提出的研究思路,将 LCS 视为可对动态环境进行感知并选择相应动作的在线自适应系统。图 2.2 展现了一个典型的 Michigan 式学习分类器的算法框架。

如图 2.2 所示,Michigan 式 LCS 主要由三大部分构成。

图 2.2　Michigan 式学习分类器算法框架图

- 分类器种群

学习分类器采用基于规则(Rule)的知识表示方式,在 Michigan 式 LCS 中规则拥有一个特定称谓——分类器(Classifier),通常情况下,分类器都具有以下的知识表示形式:

IF condition THEN action

表示当环境满足一定状态条件(condition)时系统应该采取的动作(action)。对于分类问题而言,这个动作就是预测的标签值,而条件则对应于数据的输入特征值。在 Michigan 式 LCS 中,每个分类器只是覆盖了问题论域的一部分,整个分类器种群合起来才表示目标问题的一个完全解。

- 分类器评价单元

分类器评价单元解决的是强化学习中的信用分配(Credit

---

① 近年来,也有研究人员提出使用分布估计算法构造 LCS[24,25],不过遗传算法仍然占据了主流地位。

Assignment)问题。具体来讲,就是结合外界环境对分类器系统前一步动作的反馈信息调整现有规则的权值,使之反映出分类器的适应度。对于单步(single-step)问题,由于分类器可以根据外界即时反馈的结果准确地评估该动作所取得的报酬,信用分配问题相对简单;而在复杂的多步(multi-step)问题中,只有在完成一系列动作的执行之后才能从外界环境得到报酬反馈的最终结果,因此,如何合理地在之前使用到的一系列分类器之间进行适应度分配成为保证学习性能的关键。

- 分类器发现单元

在分类器发现单元中,遗传算法被用于在分类器种群上执行交叉、变异等遗传操作,以期在原先规则的基础上派生出更优化的新规则。Michigan 式 LCS 通常使用结合了小生境(Niching)技术的稳态遗传算法(SteadyGA)[27],这种技术被认为能够有效地维持种群的多样性以提高状态空间搜索的性能。

第一个 Michigan 式 LCS 的算法实现是由 Holland 和 Reitiman 在 1978 年提出的 CS-1 系统[20]。在此之后,研究者从知识表示、信用分配等多个方面对原始系统进行了扩展,其中具有里程碑意义的是 1995 年由 Wilson 提出的 XCS(eXtended Classifier System)系统[27]。在 XCS 系统中率先使用了基于精度(Accuracy)的规则评价策略,将分类器的适应度定义为其预测值的精度而非预测值本身。大量的经验实验表明,相较于传统的基于强度(Strength)的评价策略,基于精度的规则评价策略大幅度提高了系统的泛化能力[28]。可以说,XCS 极大地推动了过去的十五年中 Michigan 式 LCS 的相关研究,相继产生了许多基于 XCS 的衍生系统[21,29,30],其中较有影响力的包括针对有监督学习任务做出调整的 UCS(sUpervised Classifier System)系统[21]。

2.2.4　Pittsburgh 式学习分类器研究进展

从 2.2.3 小节的介绍可以看到,在 Michigan 式 LCS 中,遗传算法仅仅是构成系统的一个模块,与之并列的还有强化学习、在线反馈等单元。不同于此,Pittsburgh 式 LCS 则是直接基于遗传算法的框架解决机器学习问题,这其中就使用了之前所述的问题转化思想——将机器学习问题转化为优化问题。图 2.3 给出了一个 Pittsburgh 式 LCS 的系统框架,从图中可以看到这实质上就是一个典型的 GA 进化迭代过程。

图 2.3 Pittsburgh 式学习分类器算法框架图

具体说来,Pittsburgh 式 LCS 在知识表示、规则评价与规则发现三大方面都有别于 Michigan 式 LCS。在 Pittsburgh 式 LCS 的种群中,每个个体都是目标问题的一个完全解,这意味着单个个体就覆盖了问题论域的所有特征。为了区别于 Michigan 式 LCS 中 Classifier 的称谓,文献中通常使用 Solution 指代 Pittsburgh 式 LCS 中的个体,单个 Solution 由若干个 Classifier 构成,这些 Classifier 对应的规则被组织成析取范式(Disjunction),具体可以采用决策表(Decision List)或决策树(Decision Tree)集合等形式。鉴于单个个体已经是完整的解,故而可以根据解的质量直接评价个体本身的适应度,这就回避了 Michigan 式 LCS 中规则评价单元的信用分配问题。不过在进行个体评价时,需要用到所有的训练样本,换言之,Pittsburgh 式 LCS 的规则评价是离线进行的。基于规则评价后种群个体各自的适应度,父代优势种群被选择出来供规则发现单元的 GA 执行交叉、变异等遗传操作,产生的子代个体在一定的替代策略控制下更新种群。学习(进化)过程的最后,种群中的最优个体被选出作为最终解,反观在 Michigan 式 LCS 中,最终解是终止迭代后的种群整体。

最早的 Pittsburgh 式学习分类器算法实现是 Smith 在其博士论文中提出的 LS-1 系统[31],此后较有影响力的系统是 GABIL[32] 和 GIL[33]。总的说来,Pittsburgh 式 LCS 框架结构简单,易于应用,不过学习过程中存在过拟合的膨胀效应(Bloat Effect)。简言之,就是系统在学习过程倾向于产生由过多 Classifier 构成的 Solution 以提高训练样本集上的预测性能,却影响了测试数据集上的泛化能力。近年来,由 Bacardit 在其博士论文中完整描述的 GAssist 系统引入了规则删除、静态默认规则等机制,较好地抑制了膨胀效应[34],进一步推动了 Pittsburgh 式 LCS 研究的发展。

早在 20 世纪 70 年代,LCS 研究的两大分支形成伊始,学界就存在两者孰优孰劣的争论。在笔者看来,两种系统各有其优劣,适用于不同的应用场合,不可一概而论。Pittsburgh 式 LCS 主要的设计问题在于选择合适的知识表示方式对问题解进行编码,使之适用于遗传算法中的各种遗传操作;而 Michigan 式 LCS 的知识表示方式有很大的灵活性,这是由于在其中每个规则仅仅表示一个部分解,规则之间的重组方式也相对灵活。Pittsburgh 式 LCS 可以很直观地对个体做出评价,而 Michigan 式 LCS 中的信用分配问题则颇费周折;不过,前者在每轮迭代中都需要用到所有的训练样本,仅适用于离线学习的场景,而后者则可以方便地处理在线与离线两大类学习任务。针对两类 LCS 系统在数据挖掘中分类问题上的效果,之前的研究者已经做出过实验性的对比研究[35],具体实现分别选取了两大类系统中的集大成者 XCS 和 GAssist,实验结果表明两种实现算法在 Benchmark 数据集上的性能表现并无显著性差异,相较于 GAssist,XCS 系统更易于出现过拟合的现象,特别是在规模较小的数据集上,而 GAssist 系统则是在处理类别数较大的多分类问题时存在微弱劣势。不过,从方法易用性的角度来看,Pittsburgh 式 LCS 由于结构简单,算法实现中的参数远少于机制复杂的 Michigan 式 LCS 系统。

2.3 特征选择方法综述

随着计算机存储技术以及数据采集技术的高速发展,机器学习技术在许多实际应用中所处理的原始数据都呈现海量化的趋势。数据的海量化通常体现在两个层次:其一,是样本实例(instance)的规模扩大;其二,是用以描述单个样本实例的特征(feature)数增多。后者的庞大通常会引起模式识别领域中所谓的维数灾难(Curse of Dimensionality)[3],即为了使得机器学习算法保持一定的预测准确率所需提供训练集的规模,也称为样本复杂度(Sample Complexity),将随着特征数目呈指数型增长。维数灾难对于机器学习算法的影响是双方面的:首先,样本复杂度的增长导致机器学习算法需要处理的数据规模显著增长,必然影响算法的运行效率;其次,限于数据的获取成本(如生物信息学中基因微阵列数据)等实际原因,训练集的样本规模跟不上特征数目的增长,将会导致机器学习算法预测性能的下降。

然而,在实际环境中采集的原始数据,通常都包含大量的噪声或是不相关的特征。即便是经过数据清洗以后,各个特征对于数据底层分布的描述能力也有高低之分。为了在有限训练样本规模下求解高维度特征空间内的学习问题,研究者提出了对样本进行数据规约(Data Reduction)的方法,以便提供最为有效的特征集合以驱动算法的学习过程。

数据规约的方法通常可以分为两大类:特征抽取(Feature Extraction)和特征选择(Feature Selection)。特征抽取方法主要是在原始的特征空间上进行某种形式的变换,以构成描述能力更强的新特征集合。主成分分析(Principal Component Analysis,PCA)是这类方法中的典型算法[36],该算法基于变量协方差矩阵对原始数据信息进行处理,将原先给定的一组相关变量(特征)通过正交变化映射为另一组互不相关的变量(特征),以消除原始特征相互之间存在的共线性(Collinearity)。如此处理之后,原先的大量相关变量将转化为个数较少且彼此独立的新变量,每一个新变量的特征值代表了原始数据集上一个显著的方差。主成分分析算法思路简单直观,可以有效地降低计算复杂性,在很多机器学习任务中都取得了很好的降维效果。然而,主成分分析方法的局限性也是显而易见的:一方面,主成分分析的基础是原始特征的线性变化,因此必然无法反映原始特征之间的非线性关系;另一方面,基于新特征构造的降维过程破坏了原始特征的可理解性,因为即便是经由简单的线性组合构造出的新特征也是难以解释的。

不同于特征抽取,特征选择方法并不构造新的特征,而是在原始特征全集中通过剔除若干不相关的特征筛选出一个最优的特征子集,使得在这个最优子集上执行机器学习算法仍然能够取得与原先在特征全集上相近甚至更优的学习性能。一般认为,特征选择方法可以取得如下效果:

- 降低过拟合的风险,从而改进算法的学习性能;
- 加快学习模型的构造过程,从而提高算法的运行效率;
- 保留原始特征的语义信息,便于从中获取对目标概念更深刻的理解。

正是由于具备这些优势,特征选择方法一直备受研究者重视,最早的相关研究可以追溯到 20 世纪 60 年代模式识别领域的研究工作[37]。自 20 世纪 90 年代机器学习研究方兴未艾,特征选择更是逐渐发展成一个热门的研究课题。以下几个小节将分别从问题描述、方法模型、算法分类等多个方面重点介绍机器学习领域中特征选择的相关研究。

2.3.1　机器学习中的特征选择问题描述

如前所述,在机器学习任务中使用特征选择方法,就在于能够从原先的特征全集中遴选出一个最优特征子集,使得机器学习算法可以运行在仅由该最优子集包含的特征描述的数据集上,并取得最优的学习性能。值得注意的是,特征选择的应用不限于具体机器学习任务的种类。无论是有监督学习还是无监督学习,特征选择都可以起到改善学习性能、提高运行效率的数据降维效果。不过,由于本书主要讨论的是分类问题,也是出于叙述的方便,以下的讨论将仅限于分类任务中的特征选择。

对于特征选择的形式化描述可以追溯到 Langley 于 1994 年发表的文献(文献[38]),本书仍然沿袭该定义。

定义 2.2 给定一个分类器 C,一个维数为 n 的特征空间 $X:\{X_1, X_2, \cdots, X_n\}$,一个定义在该特征空间的样本集 S,每个样本点拥有一个类别标志 Y,并且样本点特征到类别标志 Y 的映射符合底层分布 D,特征选择就是要找到这么一个最优特征子集 X_{opt},使得定义在该特征子集下的分类器性能评价指标 $J = J(C, S)$ 最优化。

值得注意的是,最优特征子集并不一定具有唯一性,分类器可能在不同的特征集上取得相同的预测准确度(这是最常使用的评价指标)。

由该定义可以得知,特征选择本质上是一个组合优化问题,其可能的状态空间大小是 $2^n - 1$(排除不包含任何特征的空子集)。在实际应用中,寻找最优特征子集是一个十分困难的任务,Davies 在文献[39]中业已证明寻找满足要求的最小特征子集是 NP 完全问题。

2.3.2 特征选择的搜索模型

既然特征选择本质上是一个组合优化问题,那么特征选择的寻优过程便可以视为在特征子集状态空间中的搜索过程。图 2.4 形象化地描绘了一个特征数为 4 的特征子集状态空间上各个子集之间的偏序关系。

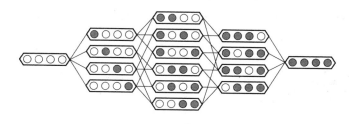

图 2.4 特征子集状态空间的偏序图

鉴于最优特征子集的搜索已被证明是一个 NP 问题[39],这意味着除穷举搜索外,不存在其他多项式计算复杂度的方法可以保证找到最优解。

因此,人们通常致力于使用启发式搜索的方法寻找近似最优解。Blum 和 Langley 在文献[40]中归纳总结了作为启发式搜索的特征选择的四大要素:①搜索起点;②搜索组织策略;③特征子集评估函数;④搜索终止条件。其中,搜索起点算法在特征子集状态空间中的搜索起始点,搜索起点的选择对生成后续状态点以至搜索组织策略都有重要影响。由特征空子集开始逐个加入特征的策略被称为前向搜索(Forward Search);反之,从特征全集出发不断删减特征的策略则称作后向搜索(Backward Search)。特征子集评估函数主要负责对状态空间中各个特征子集的优劣做出评价,以指导整个搜索过程。特征选择的搜索终止条件多种多样,包括最大迭代次数、未能改进性能的最大连续迭代次数、找到满足评估函数的特征集合等。

其后,Dash 和 Liu 提出了一个更加全面的特征选择框架,指出任何一个特征选择方法都可以分解为子集产生、子集评价、终止条件和结果验证四个基本组成部分[41]。这四个部分的组成关系可由图 2.5 表示。简言之,Dash 和 Liu 二人提出的模型中特征子集评估函数与终止条件两部分的含义与 Blum 和 Langley 的初始模型完全一致,而特征子集生成部分实质上定义了一个搜索过程,包括了搜索起点的选定与搜索的组织策略,两大模型的显著区别就在于前者中新引入了结果验证步骤。结果验证本质上并不属于特征选择方法的一部分,但正是这个结果验证步骤体现了特征选择与实际分类算法的交互。对于某个特定的分类算法而言,引入特征选择无疑为其增加了额外的复杂度。为了验证特征选择搜索所得到的特征子集质量,分类算法必须针对该特征子集重新调整、优化分类模型的参数,并将构建出的分类模型与之前(在特征全集上)建立的模型相比较,比较的方式通常是两者在测试集上取得的预测准确率。如何有机地结合特征选择中最优特征子集搜索与分类算法在假设空间(Hypothesis Space)上分类器模型构造这两大搜索过程,对特征选择下的分类性能与算法效率有着深远影响。

图 2.5　特征选择框架示意图

根据特征选择与分类算法之间结合方式的不同,特征选择方法通常可以分为三大类:过滤型(Filter)方法、包装型(Wrapper)方法和嵌入型(Embedded)方法。以下三小节将分别介绍这三类方法的主要思想与典型算法,以及总结各自的优缺点。

2.3.3 Filter 方法

过滤型(Filter)特征选择方法的主要思想是使用各个特征在原始数据集上直接表现出来的统计特性构造一个相关性度量,并以此评估各个特征的相对重要程度。在通常情况下,Filter 方法会为每个特征计算一个分值,"过滤"掉分值较低的特征,而由满足条件的特征构成的特征子集将作为输入条件提供给后续的分类算法。过滤型特征选择与分类算法的交互关系如图 2.6 所示。

图 2.6 Filter 特征选择方法示意图

如图 2.6 所示,作为一个单独的预处理步骤,Filter 特征选择独立于后续的分类算法。对于一个特定的数据集,Filter 方法仅需执行一次,其结果就可以提供给任何分类算法作为参考,因此具备很高的运算效率。然而,Filter 特征选择方法完全忽略了与具体分类算法的结合,无法保证在其选出的特征子集上分类器的预测性能。

对于 Filter 特征选择方法的研究主要集中在用作特征评价函数的相关性度量上。早期的研究通常是独立地评估每个单独的特征对于目标概念(标注值)的相关性,每次只考虑单个特征固然有助于降低计算复杂性[42,43],却很大程度上限制了方法的有效性,使之无法发现相互依赖的多个特征联合表征目标概念的统计特性。Koller 与 Sahami 两人在 1996 年首次提出 Markov blanket 的概念[44],在一定程度上考虑了多个特征间的依赖性,开启了多变量 Filter 方法的研究。相较于原始的单变量方法,多变量 Filter 方法损失了一定的计算效率。

2.3.4　Wrapper 方法

在 Wrapper 方法中,分类器是作为一个"黑盒"的子例程"包裹"在特征子集的搜索过程中,用以评价给定的特征子集。评价指标通常包含分类器在给定特征子集下的预测准确度,也可能包含特征子集的特征约简率等其他指标。包装型特征选择与分类算法的交互关系如图 2.7 所示。

图 2.7　Wrapper 特征选择方法示意图

鉴于 Wrapper 方法考虑了特征选择对于分类器性能的直接影响,其生成的结果通常在分类性能上优于 Filter 方法。一方面,对于在特征选择过程中生成的每个特征子集,Wrapper 方法都需要为其构建一个分类器模型,在构建分类器的运行开销较大的情况下,此举将显著地提高算法计算复杂度。另一方面,过分地强调给定特征子集下分类器在训练样本集的预测性能,将提高分类器模型的过拟合风险,降低分类器在测试集上的泛化能力。

在模式识别和统计学等研究领域,Wrapper 方法有着悠久的历史。不过,在机器学习领域,由 Kohavi 和 John 二人在 1997 年发表的论文[45]才标志着 Wrapper 特征选择研究的兴起。由于 Wrapper 方法提供了一种独立于具体分类算法、既简单且有效的特征选择框架,此后这方面的研究层出不穷。对于 Wrapper 方法而言,负责特征子集生成的搜索组织策略至关重要。根据搜索组织策略的属性,可以将其划分为两大类。第一类是确定性策略,比如经典的顺序前向选择法(Sequential Forward Selection,SFS)和顺序后向消除法(Sequential Backward Elimination,SBE)[46]分别从特征空集和特征全集出发,每次添加或排除一个特征,使得最大限度地改善当前分类性能。第二类是随机性策略,为了改善

Wrapper 方法的搜索性能，研究者引入多种元启发式策略（Metaheuristics）作为搜索引擎，这就是所谓的随机性策略，其中应用最为广泛的当属遗传算法。通过使用二进制编码表示特征子集的状态，遗传算法可以对特征子集的整个状态空间进行有效的全局搜索，大量实验表明基于 GA 的 Wrapper 方法有利于改善搜索结果的质量[47,48]。

2.3.5　Embedded 方法

不同于以上介绍的 Filter 和 Wrapper 两类方法，在嵌入型（Embedded）特征选择方法中，特征选择是直接作为学习算法的一部分嵌入其中。简言之，就是在学习过程中就决定了特征的取舍。比如，经典的决策树算法，在执行每一次节点分裂操作时，总是优先选择当前分类效果最优（即最大化地降低预测不确定性）的特征，继而根据选中特征的不同取值将训练样本集划分为多个子集，并在各个子集上递归地执行决策树算法，直至满足预先设定的终止条件[49]。由此可见，决策树模型的构建过程，实质上已经隐式地包含了特征选择中的特征子集搜索过程。

一方面，Embedded 方法中的特征选择与分类模型构建过程紧密相关，使得最终生成的特征子集切实适用于具体的分类算法，保证了特征选择下的分类算法性能。另一方面，Embedded 方法又避免了为每个生成的特征子集从头开始构建分类模型，相较于 Wrapper 方法大大降低了算法的计算复杂度。虽然拥有性能与效率双方面的优势，Embedded 方法在机器学习领域的应用却不及前两种方法普遍，这是由于该类方法在设计上与具体的分类算法紧耦合，需要深入特定分类算法的内部流程进行方法设计，难度较大。除经典的决策树模型（比如 Quinlan 的 C4.5[49]、ID3[50] 和 Breiman 的 CART 算法[51]等）外，近年来也有研究者将 Embedded 方法的思想引入朴素贝叶斯分类器 NB、支持向量机 SVM 等经典的分类算法中[52,53]。

2.4　本章小结

本章对学习分类器和特征选择两方面的相关研究工作做了系统的梳理，在调研现状的基础上分析了如今几种主流方法的特点。在学习分类器的相关研究中，结构简单直观的 Pittsburgh 式学习分类器直接利用进化计算方法的全局搜索能力保证了学习的性能,相较于机制复杂的 Michigan 式学习分类器,算法可用性上也有较大的优势。这种优势也体现在近些年来学界对于 Pittsburgh 式学习分类器的关注度持续升高。对于特征选择方法而言,Filter 方法计算效率高,Wrapper 方法算法性能好,而且两者的算法框架都独立于具体的分类算法,具有很高的通用性。不过,在性能和效率之间达到平衡的却是第三类方法 Embedded 方法。

面对实际应用中提出的特征选择方面的需求,本书的研究方向在于寻求如何在学习分类器的进化过程中有机地嵌入特征子集的搜索过程,从而达到性能和效率的双向提升。

第 3 章
基于 Memetic 算法的 Wrapper-Filter 特征选择方法

3.1 概　　述

上一章对机器学习领域的特征选择方法相关工作进行了系统化的综述,在研究现状的调研中,我们发现目前主流的两种特征选择方法 Filter 方法和 Wrapper 方法,都有其各自的优缺点。前者直接基于特征在数据集上表现出来的统计特性评估特征的相关度,计算效率高但无法保证特定分类器在特征选择结果上的性能;后者通常使用以 GA 为代表的全局优化技术组织特征子集状态空间上的搜索过程,并直接使用分类器的预测性能作为特征子集的评价标准,从而保证了特征选择的性能,但计算量远大于 Filter 方法。受到进化计算领域中 Memetic 算法设计范式的启发,本章介绍了一种混合式特征选择方法,该方法综合了 Wrapper 方法和 Filter 方法的算法思想,以期在算法性能和计算效率两者之间达到更好的平衡。

本章后续内容安排如下:3.2 节对 Memetic 算法进行了概述,其中包括 Memetic 算法在进化生物学中的思想起源,以及对 Memetic 算法设计框架的描述;3.3 节全面阐述本章提出的基于 Memetic 算法的混合式 Wrapper-Filter 特征选择方法,包括算法的设计思想、整体框架以及具体的算法细节;3.4 节是本章小结。

3.2　Memetic 算法

受到自然界中生物进化现象的启发,研究者提出了遗传算法,通过模拟选择、交叉、变异与替换等遗传操作在状态空间中进行全局搜索。不过,大量的仿真实验也暴露了经典遗传算法的若干问题,其中包括早熟收敛(Premature Convergence)的性能问题、慢收敛的效率问题以及参数初值敏感的健壮性问题。也有研究者从理论层面分析了经典遗传算法的缺陷,如 Goldberg 在文献[17]中提到的"基因欺骗"问题。为了提高经典遗传算法的性能和效率,研究人员受到进化生物学 Memetic 学说的启发[54],在进化迭代中引入局部搜索以促使个体在生命周期内进行自身学习,进而发展出一个新的进化计算范式 Memetic 算法(Memetic Algorithm,MA)。近年来,MA 已经被广泛应用于函数优化、图像处理、模糊控制、供应链优化等领域[55-58]。实验结果表明,相较于传统的遗传算法,Memetic 算法在搜索性能和收敛速度上都有所提高。

本节将首先介绍 Memetic 算法在进化生物学与社会学领域中的思想起源,接着描述了一个在设计 Memetic 算法时通常遵循的算法框架。

3.2.1　Memetic 算法思想起源

早在达尔文的《物种起源》成书之前,法国学者拉马克就曾系统性地研究过生物进化现象,并提出了后天性遗传理论(Inheritance of Acquired Characteristics),他认为个体通过学习获得的特征是可以直接遗传给后代的。与此相反,达尔文的生物进化学说完全否认了个体学习对生物进化的贡献,认为个体在其生命周期内学到的东西不能遗传给后代。后继的研究者在大量的经验观察中发现个体在生命周期内的学习行为确实可以间接地对后代产生影响,这种现象被称为鲍德温效应(Baldwin Effect)。

此后,研究者进一步发展了达尔文的进化理论并将视野扩展到人类社会的文化发展,试图基于达尔文进化论的观点解释人类文化进化规律,这在学界被称为广义进化论或文化进化论。英国牛津大学学者 Dawkins 是该学派的代表人物,他在 1976 年出版的 *The Selfish Gene* 一书中,创造了"Meme"这个文化进化领域中与基因 Gene 对等的概念①,用以表示文化

---

① 　Meme 这个单词在国内文献中有许多音译的译法,如"觅母""谜母""谜米"等,也有意译的译法,如"模因""文化基因",标准不一[59],本文中将直接使用 Meme 这个英文单词。

传播或是模仿的基本单位[54]。Dawkins 的学生 Blackmore 进一步发展了他的学说,在 1999 年出版的 *The Meme Machine* 一书中,界定了 Gene 和 Meme 在人类进化中扮演的角色,指出两者通常是相辅相成,相互加强[60]。

与 Dawkins 发展 Memetics 学说几乎同一时期,美国生物学家 Wilson 在社会生物学中提出了基因-文化协同进化的观点[61]。在这个集大成式的观点中,Wilson 将人类的文化行为划分为可供选择的基本单元文化基因(这与 Dawkins 建立的 Meme 概念相通),进而指出文化基因有三种传递模式:纯遗传方式、纯文化方式以及基因-文化协同进化方式。其中,协同进化方式兼具前两者的特点:一方面,文化的发展在一定程度上会受到基因(即个体的生物学特征)的制约与指导;另一方面,文化发展的压力反过来又会对基因的生存产生影响,并最终改变遗传行为中表现出来的基因频率。这两者之间的相互作用被 Wilson 命名为"后成规则"(Epigenetic Rules)。

Dawkins 和 Wilson 二人的理论不单单在生物学领域产生深刻影响,还在社会科学、哲学等人文学科激起热烈讨论,极大地促进了人类文化进化理论的发展。计算智能领域的研究者也从这场讨论中汲取了思路和灵感,在进化计算研究中引入了个体学习的方法思想,这种混合式的设计框架被不同的研究者冠以不同的称谓,如混合式遗传算法(Hybrid Genetic Algorithm)、基于进化的局部搜索算子(Genetic Local Searcher)、拉马克式遗传算法(Lamarckian GA),不过最终在学界被广为接受的是由 Moscato 在文献[62]中提出的 Memetic 算法(Memetic Algorithm,MA)的说法。进入新千年之后,学界对 MA 给予更大的注意,IEEE 组办的 CEC 以及 ACM SIGEVO 主办的 GECCO 两大进化计算领域顶级会议都陆续开辟了 MA 的专题,近几年软计算方面的几大国际期刊也相继推出 MA 的专刊[63-65],由 Springer 出版集团主办的学术期刊 *Memetic Computing* 于 2009 年 1 月创刊,更是标志着在国际上对 Memetic 算法的研究已经进入迅速成长期。

3.2.2 Memetic 算法框架

尽管曾被冠以不同的称谓,不过 Memetic 算法的核心思想就是在传统进化算法中结合局部搜索策略,使得种群个体在进化迭代中还能通过个体学习达到自我改良(Refinement)的目标。鉴于经典的遗传算子缺乏指导,几乎都是纯随机的,无法有效地利用状态空间的局部信息。在这种情况下,引入局部搜索在其中发挥的作用可以通过图 3.1 直观地表示出来。图中曲线描述的是某个目标问题的适应度函数,横轴表示种群个体,纵轴表示个体对应的适应度函数值。曲线上的点 a 表示初始解,经过交叉、变异等操作后到达点 b,可以看到点 b 对应的适应度反而低于初始解点 a。不过,MA 中的局部搜索将使得点 b 在调整后到达局部最优解点 c。由此可见,MA 可以有效地避免随机性的遗传算子带来的搜索盲目性,从而使得算法能以更高的概率搜索到全局最优解。

图 3.1 Memetic 算法思想示意图

从概念上来说,MA 只是提供了一个算法设计的框架,其中进化算法可以是具体的遗传算法、进化策略以至分布估计算法,局部搜索方法可以是简单的爬山法（Hill Climbing）,也可以是模拟退火（Simulated Annealing）、禁忌搜索(Tabu Search)等元启发式算法,框架中各个环节的实施策略也有很大的灵活度。如图 3.2 所示,MA 主要包含以下几大步骤。

图 3.2 Memetic 算法设计框架示意图

（1）种群初始化

初始种群通常是随机产生的，也可以结合应用问题的领域知识人为地加入一些优化解。种群初始化的首要原则是保证种群的多样性，否则，容易产生由于种群单一性导致的早熟收敛。

（2）遗传操作

遗传操作可以采用传统遗传算法中的交叉、变异等遗传算子，也可以基于分布估计算法的采样操作。不管采用何种基因操作，都需要确保算法的全局搜索能力，在保留父代个体的主要特征的同时又能探索状态空间的未知区域。

（3）局部搜索

局部搜索是 MA 区别于经典进化算法的关键，由于局部搜索可以充分利用状态空间的局部信息，从而弥补纯随机性的传统遗传算子在这方面的不足。对于一个具体的 MA 而言，局部搜索的设计主要需要考虑以下五个问题：

问题 1：进化过程中间隔多久使用一次局部搜索？

问题 2：对于每个个体而言，多大概率对其进行局部搜索？

问题 3：对种群中哪些个体构成的子集进行局部搜索？

问题 4：对于单个个体的局部搜索过程需要维持多久？

问题 5：需要使用何种局部搜索方法？

其中，问题 1 解决的是局部搜索的频率（Frequency），更进一步，确定了局部搜索在整个算法流程中的位置，即触发局部搜索的时机，有的是在所有基因操作结束之后，而有的则是在每个遗传算子之后都安排了局部搜索。问题 2 和问题 3 解决的是局部搜索的初始化问题，即确立执行局部搜索的待选个体集合。问题 4 与局部搜索的运行开销息息相关，因为一般情况下局部搜索计算开销较大，为了不至于过度影响算法效率，在 MA 中通常只执行部分的局部搜索过程，或是人为地设定局部搜索的强度（Intensity）。问题 5 是确定局部搜索过程中的邻域结构（Neighborhood Structure），在有些文献中又被称为算法的 Meme 算子，一般来说邻域结构是预先人工设定，不过也有文献使用在线调整策略改变进化过程中使用的邻域结构[66]。

（4）新种群的产生

新种群的产生过程确立了进化算法中的选择压力（Selection Pressure）。在传统的遗传算法中，主要考虑的是在父代个体与由交叉、变异等遗传算子产生的后代个体之间的取舍；在 MA 中，还需要将执行局部搜索后获得的局部优化解纳入决策范围。

(5) 终止条件

与经典的进化算法类似,MA 的进化终止条件一般也可设定为:达到一定的迭代次数、个体适应度未发生改善的最大连续迭代次数或是最优个体达到设定的适应度阈值。

3.3 基于 MA 的混合式 Wrapper-Filter 特征选择方法

受到进化计算领域新型 Memetic 算法设计范式的启发,本书介绍了一种结合了 Wrapper 和 Filter 两类特征选择思想的混合式方法。该混合式方法基于 Filter 方法中用于特征评价的相关性度量指导 Wrapper 方法中特征子集状态空间的搜索过程,体现了 Memetic 算法中局部搜索与全局搜索的统一。本节将首先介绍该混合式特征选择算法的设计思想,接着概述混合式算法的整体流程,然后针对算法中用到的 Wrapper 方法和 Filter 方法做具体介绍。

3.3.1 算法设计思想

正如上一章综述部分指出的,Wrapper 和 Filter 两种特征选择方式各有其优缺点。一方面,Wrapper 方法基于具体分类算法的预测性能对特征子集做出评价,确保了特征选择结果的性能,不过 Wrapper 方法的搜索过程通常缺乏指导信息,随机化的全局搜索必将引入大量的计算开销从而降低算法效率。另一方面,Filter 方法使用各个特征在原始数据集上表现出来的统计特性作为评价标准,这种评价过程完全独立于特定的分类器,且通常只需要一趟式的运算过程,故而具有很高的运行效率,但是 Filter 方法完全忽略与具体分类算法的结合,选出的特征子集上的分类性能很难得到保证。由此可见,Wrapper 和 Filter 两类方法具有很强的互补性,如果能综合两者的长处,则可能更好地平衡特征选择方法的性能与效率。

本质上,Wrapper 方法是一个在特征子集状态空间内的搜索过程,为了提高搜索的性能,近来的研究多采用基于遗传算法等全局优化技术对该搜索过程进行组织。由于缺乏指导,遗传算法通常无法利用状态空间的局部信息而只能进行随机化的全局搜索。反观 Filter 方法，其特征选择的过程可以视为在某种相关性度量指导下的特征子集构造过程，换言之，也是一个利用状态空间内局部信息（特征的相关度）进行贪心搜索的过程。因此，Wrapper 方法在特征子集状态空间的搜索过程完全可以借用 Filter 方法中所蕴含的先验知识对当前解进行局部改良，比如考虑在当前特征子集中加入余下的相关度最高的特征。这种加入了指导信息的搜索过程也契合了 MA 设计框架中全局探索和局部利用相统一的方法思想，证明了综合 Wrapper 方法和 Filter 方法进行混合式设计存在现实的可行性。

3.3.2 算法整体框架

图 3.3 展示了本书基于 MA 的混合式 Wrapper-Filter 特征选择方法（Memetic Algorithm-based Hybrid Wrapper-Filter Feature Selection Approach，MFS）的总体流程。

图 3.3 基于 MA 的混合式 Wrapper-Filter 特征选择方法流程图

从图中可以看到,算法最外层迭代被封装成一个 Wrapper 方法,此处为了描述的方便,具体展现的是使用最为广泛的基于 GA 的 Wrapper 方法搜索流程(其实可以将 GA 替换为 Wrapper 方法中用到的其他搜索算法,不影响算法整体框架)。在内层循环中,即 Wrapper 方法的每一轮搜索迭代中,引入了某种 Filter 方法对所有特征进行相关度排名,然后基于此排名信息并在一定局部搜索策略的指导下对当前特征子集进行特征添加、删减等操作。局部搜索产生的优化解将参与 Wrapper 方法的下一轮迭代,直至满足 Wrapper 方法中预先设定的搜索终止条件。最后输出在 Wrapper 方法中适应度评价最高的特征子集作为特征选择的结果。

以上概述了本书介绍的 MFS 特征选择方法的算法总体框架,以下两个小节将在该框架下使用两种具体的 Wrapper 方法(GA-Wrapper)和 Filter 方法(ReliefF-Filter)进行算法设计。

3.3.3　全局搜索的 GA-Wrapper

作为一种有效的全局优化技术,遗传算法是 Wrapper 方法中使用最为广泛的搜索组织方式。本小节将具体介绍如何把 GA 用于解决特征选择问题。

(1)个体的基因编码

使用遗传算法求解优化问题的第一步就是选取合适的基因编码方式,将题解表示成计算机方便处理的形式。对于特征选择问题而言,可以很方便地使用传统的二进制遗传编码将特征子集表示成一个长度为 N 的二进制串(N 表示特征总数),码串的第 i 位的取值决定了对应的第 i 个特征选中与否,1 表示选中,0 表示排除。图 3.4 展示了该遗传编码机制下的一个典型染色体。

图 3.4　特征子集基因编码示意图

(2)种群初始化

在确定遗传编码方式后,下一步进行的是种群初始化,即在 GA 种群中加入种群规模(Pop Size)的若干个体。对于每个个体而言,其染色体上各位都以 0.5 的概率置 0 或是置 1,表示每个特征选中与未选中的概率相等。这些随机生成的个体将作为初始种群参与后续进化过程中各种遗传操作。

（3）适应度函数

遗传算法第二个关键问题是如何评价个体的适应度。传统的 Wrapper 方法通常直接使用分类器在给定特征子集上的分类准确率作为 GA 的适应度函数。然而,除最大化分类准确率外,特征选择过程还有另一个优化目标,即最大限度地约简特征子集的规模,这可以通过特征约简率(Feature Reduction Rate,FRR)来体现,其定义如公式(3.1)所示:

$$\text{FRR(fss)} = 1.0 - \frac{\#\text{Feature selected}}{N} \tag{3.1}$$

其中,fss 表示某个给定的特征子集,N 表示特征总数。

为了在遗传算法加入特征约简的选择压力,在本书介绍的 MFS 方法中使用了分类准确率与特征约简率的一个线性组合函数用于评价个体的性能优劣,如公式(3.2)所示:

$$\text{Fitness(fss)} = \alpha * \text{Acc(cls,fss)} + (1-\alpha) * \text{Red(fss)} \tag{3.2}$$

其中,cls 表示某个给定的分类器,Acc(cls,fss)表示给定特征子集下该分类器结合在训练集上的分类器准确率,α 因子用于权衡分类准确率与特征约简率在个体适应度中的相对比重。

（4）遗传操作

除个体适应度评价外,在每一轮进化迭代中还需要进行选择、交叉、变异、替换等遗传操作。在本书介绍的 MFS 方法中,采用了经典 GA 中提出的标准遗传算子,包括基于二人锦标赛的选择操作(Binary Tournament Selection)、单点随机交叉操作(Random Single-Point Crossover)、位反转变异操作(Bit-wiseflipping Mutation)以及精英的替代策略(Elitism Replacement Strategy)。鉴于这些遗传操作应用广泛,此处不再赘述各自具体操作流程。

值得注意的是,在某些相关的工作中用到了受限的交叉和变异等遗传算子,在这些受限操作中,设计者人为地指定了被选中特征总数的上限[67]。笔者认为这种做法值得商榷。其一,受限的遗传操作需要进行额外的检查工作,增加了计算开销;其二,对于很多实际数据集的特征选择而言,很难预先指定一个理想的特征数阈值,而且如果该上限设定不当,可能会极大地影响分类器在最终生成特征子集上的预测性能。

3.3.4 局部搜索的 Relief-Filter

上一小节介绍了 MFS 算法中 GA-Wrapper 方法的具体细节,本小节将主要介绍 MFS 中用作 Filter 方法的 ReliefF 算法以及在该算法指导下的特征子集局部搜索过程。

ReliefF 算法是 Kononenko 于 1994 年在传统的 Relief 算法[42]基础上扩展而来的 Filter 特征选择方法[43]。相较于只能处理二分类问题的 Relief 算法,ReliefF 算法不但可以用于解决多分类问题,而且补充了在数据缺失情况下的处理流程。总的说来,ReliefF 算法继承了 Relief 算法的核心思想,即基于特征对在特征空间内的近距离样本点的区分能力来评价特征的相关度,相关度高的特征应该使得同类样本点尽量接近,而不同类的样本点尽量远离。

对于二分类问题而言,算法首先会在训练集 D 中随机选择一个样本点 R,分别选出与样本点 R 距离最近的同类样本点 H(称为 Nearest Hit)和不同类样本点 M(称为 Nearest Miss),然后对于每一个特征 F,分别计算在该特征维上 R 和 H 的距离 $\mathrm{Diff}(F,R,H)$ 以及 R 和 M 的距离 $\mathrm{Diff}(F,R,M)$,如果 $\mathrm{Diff}(F,R,H)$ 小于 $\mathrm{Diff}(F,R,M)$,说明该特征有助于区分不同类最近邻样本,应该增加该特征的相关度权值,反之则需要降低对于该特征的相关度评估。图 3.5 给出了以上算法思想在二维空间中的几何图示。对于多分类问题,ReliefF 算法将选取的同类和不同类最近邻样本点都扩展到 k 个,特征权值更新策略也更加复杂,具体算法流程可参考原始文献[43]。为了保证 ReliefF 算法中计算的所有距离都在 $[0,1]$ 的区间内,需要对连续型属性值做归一化处理。对于数据缺失的情况,连续型属性值将用该特征的平均值代替,离散型属性则用出现频数最高的值代替。

图 3.5 Relief 算法思想示意图

对于给定的原始数据集,执行一趟 ReliefF 算法之后可以得到一个所有特征的相关度排序。这个排名信息就可以用来指导 GA-Wrapper 方法进行局部搜索。具体说来,对于一个 GA-Wrapper 中的种群个体 c,可以定义两个特征集合 S 和 U 分别表示在其染色体编码中被选中和未选中的特征,这两个特征集合都可以根据 ReliefF 算法的计算结果分别进行特征排序,以下 S 和 U 将代表排序后的特征列表。在此基础上,可进一步定义特征添加 Add 和特征删减 Delete 这两种局部搜索操作。

- Add:在 U 列表中按照基于线性排名的选择操作选中一个新特征加入当前解 c,并同时更新 S 和 U 两个特征列表。

- Delete:在 S 列表中按照基于线性排名的选择操作选中一个特征从当前解 c 中排除,并同时更新 S 和 U 两个特征列表。

图 3.6　Add 和 Delete 操作示意图

图 3.6 中展示了某种特征排名下给定特征子集在经过 Add 和 Delete 局部搜索操作后最可能产生的优化解。

```
1. for each chromosome f ss in pop f ss do
2.      if rand() < sampling rate then
3.          for j = 1 to l do
4.              f ss' ← Add(f ss);
5.              f ss' ← Del(f ss');
6.              if f itness(f ss') > f itness(f ss) then
7.                  f ss ← f ss';
8.                  break;
9.              end if
10.         end for
11.     end if
12. end for
```

图 3.7　首次改进策略下的局部搜索流程

在以上两种局部搜索操作的基础上,可以结合不同的局部搜索策略设计不同的局部搜索流程。最常使用的是首次改进策略(Improvement First Strategy)和贪心策略(Greedy Strategy)。对于给定搜索步长 l,首次改进策略在搜索到第一个改进解或是耗尽所有搜索步后结束,而贪心策略则必须等到尝试完所有 l 个搜索步后再从中选择适应度最高的解。图 3.7 以伪码的形式展示了首次改进策略指导下的局部搜索流程。一般说来,首次改进策略的运行效率要高于贪婪策略。

3.3.5 计算复杂度分析

本小节将对本章完整描述的 MFS 特征选择方法进行计算复杂度分析,以期对其计算流程有更完整的把握。

总的说来,MFS 特征选择方法的计算开销将分为两大部分:一部分是动态开销,或称可变开销,这主要是由特征子集的评价过程引入,无论是 GA-Wrapper 遗传操作抑或 ReliefF-Filter 局部搜索改变的特征子集,都需要调用个体适应度评价函数对其重新评估;另一部分是静态开销,或称固定开销,这主要是 Filter 方法在计算特征排名时的开销。鉴于特征排名只需计算一次,其后就可以一直使用,相较于每一轮迭代都存在的动态开销,静态开销可以忽略不计。因此,本小节的分析将主要集中于 MFS 中的动态开销。为了表述的方便,可以将一次适应度函数调用执行时间作为计算复杂度分析的基本单元。

对于普通的 GA-Wrapper 算法,可以很容易地得出其计算复杂度为 $O(p * g)$,其中,p 表示 GA 的种群规模,g 表示 GA 的总迭代次数。对于首次改进策略指导下的 MFS 算法而言,在普通 GA-Wrapper 算法的基础上还加入了局部搜索的开销。假定局部搜索的搜索步长为 l,种群的个体抽样率为 sr,那么局部搜索的期望计算复杂度可以表示为 $O(p * sr * g * l/2)$,其中,$l/2$ 用以表示取得首次改进的局部搜索步数期望值。

综上所述,本章提出的 MFS 算法的计算复杂度可表示为 $O((1 + sr * l/2) * p * g)$,由此可见,当抽样率 sr 和局部搜索步长 l 控制在较低的水平,MFS 算法中的局部搜索并不会引入过多的计算开销。此外,以上的分析基于引入局部搜索前后迭代次数不变的假设,然而,大量的经验实验表明:局部搜索可以有地改善搜索性能并提高收敛速度,即降低公式中代表迭代次数的 g 因子,进而降低整体计算开销。

3.4 本章小结

在进化计算领域 Memetic 算法设计范式的启发下,本章结合 Wrapper 方法和 Filter 方法两大类特征选择的思想,提出了一种混合式的特征选择方法 MFS。一方面,在该混合式方法中,基于 GA-Wrapper 的全局搜索能力保证了特征子集状态空间上的遍历性;另一方面,在 ReliefF-Filter 方法特征相关度排名的指导下对种群个体进行局部改良,以期克服随机的遗传操作的盲目性。本章的最后还对 MFS 算法的计算复杂度进行了粗略分析,分析表明,在合理的参数设置下,MFS 算法中新加的局部搜索操作并不会引入过大的计算开销。

第4章
基于合作式协同进化内嵌特征选择的学习分类器

4.1 概　　述

作为基于遗传的机器学习范式,学习分类器采用遗传算法对分类器种群进行演化,将机器学习问题处理成经典的优化问题,利用遗传算法的全局优化能力保证了学习的性能。作为其中的一个主要研究分支,Pittsburgh 式学习分类器由于结构简单、应用方便,近年来在数据挖掘领域吸引了大量注意。然而,面对现实世界的实际问题,任何学习算法都需要考虑如何使用特征选择等技术进行特征降维的问题。对于学习分类器与特征选择方法的整合研究,目前尚未有相关研究见诸报道。在进化计算领域协同进化算法框架的启发下,本章将在传统 Pittsburgh 式学习分类器的进化迭代过程中集成第3章提出的 MFS 特征选择方法,设计出一种内嵌特征选择的学习分类器,使得分类器演化和特征子集搜索两大过程可以同步进行。

本章后续部分组织如下:4.2 节对协同进化算法进行了概述,其中包括协同进化算法在进化生物学中的思想起源,以及对两大类协同进化算法设计框架的描述;4.3 节详细介绍了本章提出的基于合作式协同进化算法的内嵌特征选择的学习分类器,包括算法的设计思想、整体框架以及具体的算法细节;4.4 节是本章小结。

4.2 协同进化算法

大自然一直是科学创新的动力源泉,计算智能领域的研究者则是直接从进化生物学发展出的各种新学说中汲取灵感。第 3 章中用到的 Memetic 算法就是直接受益于生物学与社会学中对于文化进化的探讨;而本章中将要讨论的协进化算法(Co-Evolutionary Algorithm,CEA)同属于近年来计算智能研究的一大热点[68],其算法思想则是来源于生物学界对于生物系统(Ecosystem)中协同进化现象的讨论。

在本节中,将首先回顾协同进化算法在生物学领域的思想起源,然后逐一介绍两种典型的协同进化算法设计框架——竞争式与合作式。

4.2.1 协同进化思想起源

作为第一个被广泛接受的生物进化理论,达尔文进化论勾画出一幅生命从简单到复杂,由低级向高级发展的图景。然而,受限于当时进行科学观察的范围与技术手段,达尔文更多地将其视角放在生物个体这个层次。随着科技的进步,特别是生态学、遗传学和基因工程等学科的发展,近现代的学者可以从更多的角度对生物进化现象做进一步的探索,小到细胞、分子水平,大到种群、群落水平,从而将生物进化理论提升到新的高度,传统的达尔文主义进化论也由此受到越来越多的挑战。例如,达尔文过度强调繁殖过剩引起的种内竞争①,而忽略了生物个体和各物种之间其他方面的联系,这种割裂的视角显然是片面的。随着生态学研究的深入,特别是 20 世纪 60 年代以来对于生态系统的研究,更多地引入了系统论、协同论的观点。1965 年,Ehrlich 和 Raven 在讨论蝴蝶与植物相互间的进化影响时最早地提出了协同进化(Coevolution)的概念[69]。15 年后,由 Jazen 给出了协同进化的严格定义:一个物种的性状作对另一个物种性状的反应而发生进化,而后者的这一性状本身又是作为对前者性状的反应而进化[70]。从广义概念上来理解,生态系统中各物种之间并非彼此孤立。协同进化指的就是生物与生物、生物与外界环境之间在进化过程中的某

---

① 达尔文深受英国经济学家马尔萨斯《人口论》中学说的影响,认为自然界中各物种都是按照几何级数进行增殖,但存活下来只是少数,表明生物界存在十分激烈的生存竞争。

种依存关系。具体说来,物种间的关系可以分为四种情况:①捕食者与被捕食者(Predator and Prey);②寄主与寄生物(Host and Parasite);③相互竞争(Competition);④互惠共生(Mutualism)。其中,前三种是竞争式关系,而第四种属于合作式关系[71]。

协同进化算法正是借鉴了协同进化理论中多个种群共同进化的思想而发展起来的一个新的进化计算框架。不同于传统进化算法中只维护单个种群的做法,协同进化算法中建立起多个子种群以模拟生态系统中的多个物种。不过,协同进化算法并非传统遗传算法简单的多种群版本,在进化过程中维护多个子种群只是其手段而非目的。协同进化算法之所以区别于传统进化算法,在于其特殊的进化动力学机制——多个子种群在个体适应度层面上相互影响,成为彼此的选择压力,进而相互驱使提升各自的性能与复杂性,最终达到共同进化的目标。协同进化算法独特的进化模式使其具备全局搜索能力强、运行效率高、算法健壮性好等优点,常被用于解决许多传统进化算法难以解决的复杂问题从而成为近些年计算智能领域的研究热点[71]。

根据各个子种群之间相互影响的关系性质不同,协同进化算法大致可以分为两大类:体现物种间竞争关系的竞争型协同进化算法(Competitive Co-Evolutionary Algorithm,ComCEA)[72]与体现物种间合作关系的合作型协同进化算法(Cooperative Co-Evolutionary Algorithm,CoCEA)[73]。以下两小节将分别介绍这两种协同进化算法的设计框架。

4.2.2 竞争式协同进化算法模型

顾名思义,竞争式协同进化算法中多个子种群模拟的是自然界中各物种间的竞争关系。子种群间的竞争关系主要体现在各个子种群的个体适应度是通过与来自其他子种群中的个体进行竞争而获得的。这种特殊的适应度评价方式摆脱了传统进化算法中需要计算"绝对"目标函数的束缚,将个体适应度构建在与其他个体竞争比较的"相对值"基础上,更适用于解决多人博弈等难以定义"绝对"目标函数的策略问题。

早在 1990 年,Hillis 就在参考文献[72]中率先使用两个子种群模拟捕食者与被捕食者的竞争关系以求解博弈问题,其中 Predator 子种群用于寻找问题的解,Prey 子种群则用于寻找问题解对应的测试集。在 Hillis 的方法中,Predator 子种群试图通过进化寻找更加优化的解以求"战胜"Prey 子种群中更多的测试集,反之,Prey 子种群则通过进化产生更加复杂的测试集以"击败"Predator 子种群中更多的优化解。换言之,在这种竞争式协同进化过程中,首先为问题求解创建了一个对立问题,寻求更加复杂的测试集,接着为两个相互对立的问题(问题解与测试集)分别创建一个子种群,并使之相互竞争,促使对方朝着更加复杂、更加高级的方向进化,进化过程的最后将可以得到在复杂测试集上取得很好性能的高质量解①。一方面,这种"解-测试集"的问题分解方式回避了定义一个全局性绝对值适应度函数的难题,直接使用问题解在现有测试集上取得的性能相对值作为评价的标准,从而可以在相对较短的时间内对个体适应度做出合理评估,提高了算法的计算效率。另一方面,这种求解方式在获得高质量解的同时还能构造出高质量的测试集,对于某些需要进行大量验证的实际应用问题可谓一举两得。因此,"解-测试集"的问题分解方式也成为在竞争式协同进化算法中使用最为广泛的求解思想[71]。

Hillis 最初的算法中使用了一种简易的适应度评估方法:对于解(测试集)子种群中的单个个体,统计其在与测试集(解)子种群中所有个体竞争中取胜的次数,并以此作为该个体的适应度值。这种简单直观的评估方式后来被证明在保持种群个体多样性方面效果不佳,而且易于破坏子种群间的竞争平衡状态,从而造成协同进化过程停滞[71]。在此之后,研究者又提出了基于小生境技术的竞争适应度共享(Competitive Fitness Sharing)和基于共享采样(Shared Sampling)的竞争个体选择等一系列新型适应度评估技术[74,75],进一步提高了竞争式协同进化算法的性能与效率。

4.2.3　合作式协同进化算法模型

相较于竞争式协同进化算法,合作式协同进化算法的相关研究虽然起步稍晚,不过近年来研究热度颇高[68]。在合作式协同进化算法中,多个子种群维持的是自然界中物种间的合作关系,主要表现在各个子种群中的个体适应度取决于该个体与其他子种群中个体合作时的表现,进化过程中形成的选择压力将逐步淘汰那些未能与其他合作者达成良好合作的个体。这种适应度评价方式使得参与合作的个体中任何一方的进步都对其他合作方的生存产生积极影响。具体说来,在合作式协同进化算法中

---

　　①　这种相互竞争、共同提高的进化现象与现实世界中大国间的军备竞赛相类似,在文献中又被称为"进化军备竞赛"(Evolutionary Arms Race)[74]。

使用最为广泛的问题求解方式是算法设计中经常用到的"分治法"（Divide and Conquer），即把原先的复杂问题分解成若干个复杂度较低的子问题，继而为每个子问题创建一个子种群进行单独进化，每个子种群中的个体并不能表示原问题的完整解，而只是相应子问题上的部分解，因而，只有在合并所有子种群提供的代表个体（Collaborator）形成问题的完整解后，才能基于完整解的性能进行个体适应度的计算。一般来讲，子问题对的状态空间无论是在空间大小还是复杂程度上都要远远低于原始问题的状态空间，这使得进化搜索难度降低，效率提高，而且协同进化机制在一定程度上还可以避免出现早熟收敛。因此，合作式协同进化算法特别适合用于解决可模化（modularizable）的应用问题，问题分解的过程通常遵循高内聚、低耦合的通用原则[71]。Husbands 和 Mill 在 1991 年首次结合合作式协同进化的思想求解了作业车间调度问题（Job Shop Scheduling）[76]，此后 Potter 等学者进一步完善了合作式协同进化算法的理论，并在 2000 年与 De Jong 两人合作提出了一个合作式协同进化算法的通用设计模型[73]。

与竞争式协同进化算法类似，个体的适应度评估方式对于合作式协同进化算法同样重要，只不过这里子种群个体间维持的是一种合作方式。具体说来，合作式协同进化算法中的个体适应度评估可以分为两大步骤，合作者的选取与适应度值的计算，从各个子种群中选出合适的合作者合并产生完整解是其中的关键。一种简单直观且保证性能的方法是穷举所有可能的个体组合，并从中统计出最优组合方案对应的目标函数值。对于维护了 k 个子种群，每个子种群规模为 N 的合作式协同进化算法而言，在这种适应度评价方式下单次评估的计算复杂度是 $O(N^k)$，这种计算量在 k 值较大的情况下显然是不可接受的[77]。因此，在 Potter 和 De Jong 提出的通用模型中，每个子种群只选取一个代表个体用于其他子种群的个体评估，在这种方式下单次评估的计算复杂度为 $O(N)$，极大地提高了效率。子种群代表个体的选取方法主要有贪心法（选取子种群中适应度最高的个体）、随机法（随机选取子种群中某个个体）、保守法（选取子种群中适应度最低的个体）[71]。在合作式协同进化算法的实际应用中，通常使用的是贪心法[78]。

作为协同进化算法设计的两大范式，竞争式与合作式两种协同进化算法各自有其适合求解的问题类型，前者多用于多方博弈的策略性问题，后者多用于可分解的模块化问题。总的来说，合作式协同进化算法在近年来的应用多于竞争式协同进化算法，这是由于其中蕴含的分而治之的算法设计思想比较容易被人理解和接受。

4.3 基于合作式协同进化的学习分类器

如上节所述,合作式协同进化算法特别适用于求解可分解的模块化问题即可以使用分治法将目标问题分解成若干规模更小、复杂度更低的子问题,使用进化计算对其分别求解之后合并这些子问题的解可以得到原目标问题的优化解。受这种"分而治之、协同进化"思路的启发,利用合作式协同进化算法框架整合了基于进化的分类器演化(学习分类器)和基于 MA 的特征选择这两大任务,创新地提出了一种在学习分类器的分类器演化过程中内嵌特征子集搜索的机器学习算法。

以下两小节将分别介绍基于合作式协同进化内嵌特征选择的学习分类器的设计思想和算法框架。

4.3.1 算法设计思想

近年来,借助于进化计算方法强大的全局优化能力,基于进化的机器学习算法在许多实际的机器学习问题中表现出不错的学习性能。特别是在 2007 年由 ACM 学会 SIGEVO 小组主办的 GECCO 年会上,两篇 Pittsburgh 式学习分类器的相关论文报道了各自在蛋白质结构预测[79]和前列腺癌诊断[80]两大实际问题中取得的不弱于领域专家的预测性能,更是吸引了学界的广泛关注[81]。不过,和传统的机器学习范式一样,学习分类器算法在进行规则演化的过程中也会受到不相关的、噪声的特征影响,而且这种影响甚至更为严重。这是由于学习分类器基于进化计算中迭代寻优的思想,需要不断循环更新规则种群以期收敛到优化解,故而多余的不相关特征一方面增加了学习的难度,降低了收敛速度,即提高了进化迭代次数,另一方面也降低了每一轮迭代中的运行效率,两方面的共同作用无疑加剧了学习分类器所面对的学习性能和运行效率问题。

为此,在前述的两个研究工作中都不约而同地用到了特征选择这项数据约简技术来处理现实数据集中存在的大量噪声和冗余特征。正是基于特征选择选出的包含少量关键特征的特征子集,学习分类器才能以规则的形式给出被领域专家接受和肯定的学习结果。不过,在这两大研究工作中,特征选择都只是作为数据预处理阶段的一项工作,独立于后续的学习过程。而且为了保证特征选择的求解质量,采用的都是基于进化计算的 Wrapper 方法。这种做法虽然保证了学习性能,但是 Wrapper 方法需要为搜索过程中的每一个特征子集重新训练分类器模型,而学习分类器的学习过程本身就是基于进化计算的迭代寻优,拥有较大计算开销。如此一来,无疑会急剧增加算法的运行开销。

是否能将特征选择和分类器构造两大任务整合在基于进化的机器学习范式内呢? 答案是肯定的。仔细分析之后,我们可以发现,特征子集的选择与分类器的演化两大过程之间存在内在的联系,特征选择需要一个具体的分类器以评价特征子集的适应度,而在包含较少特征又保留了数据关键信息的特征子集上,分类器演化过程将会产生泛化能力更高的分类规则。对于一个实际的分类问题而言,求解该问题主要在于确定关键的特征并训练出高性能的分类器,由此可见,特征选择和分类器构造本就是同一问题的两个侧面,适用于分治法求解。因此,可以考虑利用合作式协同进化算法框架整合这两大任务,而这也是下一节即将介绍的算法框架的中心思想。

4.3.2　算法框架

如前所述,本书结合合作式协同进化的思想设计了一种内嵌特征选择的学习分类器算法(Cooperative Coevolutionary Pittsburgh Learning Classifier Systemembedded with Memetic Feature Selection,CoCoLCS MFS)。算法的总体流程如图 4.1 所示。

从图中可以看到,CoCoLCS MFS 算法同时维护着两个种群。其中,种群 pop_fss 负责特征子集状态空间的搜索过程,第 3 章中提出的 MFS 被用于组织种群 pop_fss 的进化过程。种群 pop_cls 负责分类器演化,在此,使用了一个 Pittsburgh 式学习分类器算法,整个分类器演化过程与传统遗传算法的基本流程基本一致。在完成种群初始化和种群首轮评估之后,两个种群的进化过程彼此分离,可以采用不同的遗传机制(如不同的遗传操作和参数设置)分别演化。不过,在每一轮进化迭代中,两个种群又通过个体适应度评价发生着关联。具体说来,由于在进行特征选择的情况下,计算分类器的分类准确率需要结合具体特征子集中的特征选择情况,而分类准确率在两大种群(特征子集和分类器)的个体适应度函数中都占据了重要位置。这就意味着种群 pop_fss 的个体适应度评价需要结合种群 pop_cls 中的某个个体(合作者)方能进行,反之亦然,这就是

4.2.3小节介绍合作式协同进化算法适应度评价时提及的合作者选择问题。在此,CoCoLCS MFS法采用了贪心法解决该问题,即分别选择上一代种群中适应度最高的个体(elite_fss 和 elite_cls)提供给对方种群做适应度评估,而每个种群在一轮迭代结束之前更新各自当前的最优个体。完成最优个体更新操作之后,两个种群又开始各自新一轮的进化迭代,直至满足预先设定的终止条件。在两个种群都完成最后一轮迭代之后,合并来自两个种群的最优个体 elite_fss 和 elite_cls 即可以得到目标问题的最终解。

图 4.1　CoCoLCS MFS 算法的总体流程图

用于组织 pop_fss 种群进化过程的 MFS 算法在第 3 章中已有详细阐述,下一小节将介绍负责 pop_cls 种群进化的 Pittsburgh 式学习分类器算法。

4.3.3 分类器演化的 Pittsburgh 式学习分类器算法

在本章中,使用了一种 Pittsburgh 式学习分类器算法执行分类器演化的过程,具体的算法设计主要参考了 Barcardit 在其博士论文中提出的 GAssist 系统[34],不过在其中加入了特征选择的相关考量。以下将分成知识表示、适应度函数和遗传算子几个部分介绍算法设计的细节。

（1）知识表示方式

在 Pittsburgh 式学习分类器算法中,通常使用一种变长的知识表示方式,种群中个体被表示成多条规则的析取范式,如下所示:

$$I = (R_1 \vee R_2 \vee \cdots \vee R_n)$$

其中,构成个体的单条规则 R_i 则是规定各个属性取值的定长的合取范式,如下所示:

$$((A_1 = V_1^1 \vee \cdots \vee A_1 = V_m^1) \wedge \cdots \wedge (A_n = V_2^n \vee \cdots \vee A_n = V_m^n)) \to L = L_i$$

其中,A_i 表示原始数据集上的第 i 个属性,而 V_j^i 则表示属性 A_i 的第 j 种取值,L 表示规则预测的类别,L_i 表示第 i 种类别。在这种知识表示方式下,可以很方便地使用二进制编码将规则前件处理成计算机易于识别和处理的二进制串,而类别预测值则可以直接表示为编号对应的正整数。以包含四个属性(A_1, A_2, A_3, A_4)的数据集为例,其中属性 A_1 的取值范围是$\{A, B, C, D\}$,属性 A_2 的取值范围是$\{E, F, G\}$,属性 A_3 的取值范围是$\{H, I, J, K, L\}$,属性 A_4 的取值范围是$\{M, N\}$,规则"如果$(A_1$ 取 B 或 C)且$(A_2$ 取 E 或 F 或 G)且$(A_3$ 取 H 或 K)且$(A_4$ 取 M),则预测类别是 L_2"就可以表示成如下数串:

A_1	A_2	A_3	A_4	L
0110	111	10010	10	2

在每个个体中,多条规则被组织成决策表的形式,第一条与实例匹配成功的规则产生预测类别值。值得一提的是,在 GAssist 系统中,加入了一个默认类别(Default Class)的机制,个体中的所有规则都无法匹配实例的时候,将自动返回事先指定的默认类别作为预测值,本书介绍的方法也沿用了该机制。

（2）适应度函数

个体的适应度评价主要是基于个体规则集在训练集上取得的分类准确率。需要注意的是,在特征选择的情况下,从 pop_fss 种群选出的特征子集的二进制串将以掩码（mask）的形式提供给学习分类器的适应度评价函数,在其规则匹配过程中,将自动跳过特征子集中未被选中的特征对应的属性值。

具体说来,学习分类器中的适应度函数定义如下：

$$\text{Fitness(cls)} = \text{Acc}_2(\text{cls, fss}) \tag{4.1}$$

其中,cls 表示分类器种群中的某个个体,fss 表示当前的特征子集,即来自 pop_fss 种群的最优个体 elite_fss,Acc(cls,fss) 是结合该特征子集分类器个体在训练集上的分类准确率,在此,沿袭了 GABIL 系统中取分类准确率平方定义适应度函数的做法[32]。

（3）遗传操作

本书中所使用的学习分类器算法采用经典的遗传算法执行分类器的进化过程。以下将分别介绍选择、交叉、变异、替换几种遗传操作的设计细节。

选择操作采用的是基于二人锦标赛的选择算子,该算子将在种群内有放回地随机选取两个个体进行适应度比较,较优的个体进入父代种群,参与之后的交叉、变异等遗传操作。

交叉操作采用的是随机单点交叉算子,该算子将为两个父代个体分别随机选择一个交叉点,然后以交叉点为界互换两个父代个体的染色体串。不过,为了保证生成子代个体的语义正确性,两个父代的随机交叉点在规则内的位置必须一致（即相对于所在规则起点的偏移量必须一致）,不过交叉点可以选在个体包含的任何一条规则内,规则所在位置不需要一致（这也是由变长的编码特性所决定的）。

变异操作采用的是位反转变异算子,该算子将按位顺序地扫描给定个体的染色体串,并以一定的概率改变当前位的取值,这意味着一次变异操作可能改变多个编码位的取值情况,该编码位既可以对应于属性的取值,也可以是标签的类别预测值。

替换操作采用的是精英的替换策略,即剔除子代种群的最差个体,再保上一代种群中的最优个体,由此合并成新一代种群。

4.3.4　计算复杂度分析

CoCoLCS MFS 算法的计算开销大致上可以分为两部分：其一是负责

pop_fss 种群进化的 MFS 算法,其二是负责 pop_cls 种群进化的 Pittsburgh 式学习分类器算法。第 3 章中已经对 MFS 算法做过计算复杂度分析,其结果可以表示为 $O(pf * g + pf * sr * g * l/2)$,此处用 pf 表示种群 pop_fss 的规模,以示与后续需要分析的 pop_cls 种群之区别。照例可以将一次适应度函数调用执行时间作为计算复杂度分析的基本单元。鉴于 Pittsburgh 式学习分类器的核心是标准的遗传算法,其计算复杂度不难表示为 $O(pc * g)$,其中 pc 表示 **pop_cls** 种群的规模,g 表示进化过程的总迭代次数。两者叠加可知,CoCoLCS MFS 算法的计算复杂度为 $O(((1 + sr * l/2) * pf + pc) * g)$。

以上的分析假设特征选择不会改变个体适应度评价的计算量。稍加分析之后,不难发现特征选择可以有效地降低适应度函数的计算开销,这是由于在特征选择的情况下,分类器在数据集上的匹配过程只需要考虑被选中的那部分特征,由此可以缩短分类器对于单个数据实例的匹配时间,而这正是分类准确率计算的主要开销。一般说来,特征选择节省的开销将正比于特征约简率 FRR(详见公式(3.1))。可以预见,在整个协同进化过程中的平均特征约简率高于一定阈值的条件下,相较于原先无特征选择的 Pittsburgh 式学习分类器,内嵌的 MFS 特征选择算法将使得 CoCoLCS MFS 算法可以有效地降低计算量。

4.4　本章小结

基于合作式协同进化算法框架,本章整合了第 3 章提出的 MFS 特征选择方法和传统的 Pittsburgh 式学习分类器算法,使得特征选择过程嵌入到分类器的演化过程之中,提出了一种内嵌特征选择的学习分类器算法 CoCoLCS MFS。根据本章最后对 CoCoLCS MFS 算法的计算复杂度分析,在满足一定特征约简率的条件下,集成的特征选择过程非但不会提高计算开销,还将有效地降低算法计算开销。

第5章

算法评估结果与分析

5.1 概　　述

在第 3 章中,基于对特征选择领域两种主流方法之间存在互补性的深刻认识,本书在 Memetic 算法设计框架中综合了 Filter 方法与 Wrapper 方法的思想,提出了一种混合式的 MFS 特征选择方法,以期更好地平衡算法性能与计算效率。在此基础上,本书第 4 章中基于合作式协同进化算法设计框架将 MFS 算法的特征选择过程整合到 Pittsburgh 式学习分类器的分类器演化过程中,提出了内嵌特征选择的学习分类器算法 CoCoLCS_MFS,使得分类与特征选择两大任务可以同步进行。在本章中,将使用 Benchmark 数据集对以上算法进行详尽的算法评测,以验证本书所讨论的混合式设计与整合式设计的有效性。

本章后续部分内容组织如下:5.2 节将介绍进行算法性能比较的实验框架,包括实验中用到的数据集概述、算法评估的性能指标以及具体进行比较实验的方式;5.3 节将展示 MFS 特征选择方法的实验结果,包括算法参数设置的调整过程以及与其他经典特征选择算法的比较分析,重点验证了 MFS 算法中的混合式设计可以有效地提高预测性能;5.4 节结合 5.3 节中定下的最优参数配置,对 CoCoLCS_MFS 算法进行实验分析,主要是与其他几种经典的分类算法相比较,以验证算法的有效性;5.5 节则全方位地比较了 CoCoLCS_MFS 算法与传统的学习分类器算法在预测性能、运行效率等指标上的差异;5.6 节是本章小结。

5.2　算法比较实验框架

本节将主要介绍在进行算法比较实验时用到的实验框架,包括Benchmark 数据集的描述信息、性能评估指标的定义,以及执行比较实验的具体方式。在后续两节中将遵循本节介绍的实验方法进行各算法的比较实验。

5.2.1　Benchmark 数据集

为了提高实验结果的可信度,在进行比较实验时主要采用由世界各地研究人员在 UCI 网站上公布的真实数据集作为 Benchmark 测试集。在具体数据集的选取上,综合考虑了特征数、特征属性种类、样本数等各项指标,以求尽量覆盖多种类型的数据集。表5.1 汇总了所有在后续比较实验中用到的 Benchmark 数据集描述信息。

值得注意的是,鉴于后续供比较的某些分类算法(如支持向量机SVM)无法直接处理多分类问题,为了提高比较实验的公平性,主要选取的是二分类问题数据集。

5.2.2　性能评估指标

对算法的评测涉及算法性能、运行效率等多个方面。具体说来,包括表征分类算法预测性能的预测准确率、表征算法计算效率的算法运行时间,以及表征特征选择中降维性能的特征约简率。

表 5.1　分类问题 Benchmark 测试数据集简介

数据集简称	数据集全称	样本实例数	特征数目		
			离散型	连续型	总计
aus	Australian Credit Approval	690	8	6	14
che	Chess(King-Rook vs. King-Pawn)	3 196	36	0	36
cre	Credit Approval	690	9	6	15
dia	Pima Indians Diabetes	768	0	8	8
ger	German Credit	1 000	0	24	24
hab	Haberman's Survival	306	0	3	3

数据集 简称	数据集 全称	样本 实例数	特征数目		
			离散型	连续型	总计
heart	Statlog（Heart）	270	8	5	13
hep	Hepatitis	165	13	6	19
ion	Johns Hopkins University Ionosphere	351	0	34	34
liv	BUPA liver disorders	345	0	6	6
monk	Monk's Problems	432	6	0	6
mush	Mushroom	8 124	22	0	22
onehr	Ozone Level Detection(one hour peak)	1 845	0	72	72
par	Parkinsons Disease	197	0	23	23
sonar	Sonar，Mines vs. Rocks	208	0	60	60
spam	Spam E-Mail	4 601	0	57	57
SPECT	SPECT Heart	267	22	0	22
tic	Tic-Tac-Toe Endgame	958	9	0	9
tra	Blood Transfusion Service Center	748	0	4	4
vote	Congressional Voting Records	425	16	0	16
wis91	Breast Cancer Wisconsin（Original）	699	0	9	9
wis95	Breast Cancer Wisconsin（Diagnostic）	569	0	30	30

（1）预测准确率

本书上篇主要采用分类算法在测试样本集上达到的预测准确率作为分类性能指标，而非分类算法在训练阶段对于训练样本集的分类准确率。这是由于测试集上的准确率更能代表分类算法的泛化能力，而这正是机器学习需要强化的指标。具体说来，分类算法在训练样本集上训练出一个分类器，用以对测试集样本进行分类，分类结果（即预测类别值）将与原先标定的类别值进行比较，以确定分类结果正确与否。

$$Acc = \frac{\#\ Instances\ correctly\ classified}{\#\ Instances\ in\ testing\ set} \tag{5.1}$$

（2）算法运行时间

需要说明的是，所统计的算法运行时间既包括分类算法在训练集上构造分类器的训练时间，也包含使用训练出的分类器在测试集上进行分类预测的测试时间。

（3）特征约简率

特征约简率用于计算通过特征选择剔除的特征在原始特征全集中所占的比例，是特征选择问题两大优化目标之一，在第 3 章 3.3 节已有介绍，具体定义详见公式(3.1)。

5.2.3　实验方法

鉴于分类算法的预测准确率在一定程度上决定于训练样本集与测试样本集上的数据分布,为了最大限度地避免由于原始数据集在划分时引入的偏差,本书上篇部分中一律采用 5 交叉验证(5-fold Cross Validation)的实验方式。对于给定的原始数据集,采用分层抽样(以样本点标注的类别值作为分层依据)的方式将其随机地划分为五等分,其中五分之四作为训练样本集,另外五分之一则作为测试样本集,如此轮换作为测试集的那部分样本实例,即交叉验证。采用分层抽样技术旨在保证在每等份的交叉数据集中保持各类别样本点在原始数据集中的比例,避免由于随机抽样给样本分布引入新的偏差。为了避免算法单次运行的随机性,对于任何一种交叉方案,运行 6 遍算法取平均值。综上,对于给定的一个原始数据集,分类算法总计运行 $5 \times 6 = 30$ 次。

另外,某些 Benchmark 数据集中存在属性值缺失的情况,需要额外的处理。对于缺失的连续型属性值,将以该特征属性的平均值填补;对于缺失的离散型属性值,将代之以该特征属性出现频数最高的值。对于无法直接处理连续型属性的分类算法(如决策树、基于规则归纳的算法、学习分类器等),将统一使用离散化(Discretization)的方式将连续型属性转化成离散型属性。具体采用的是在文献[82]中提出的 Chi2 算法,其中显著性水平(Significant Level)统一设置为 0.01。

如无例外,后续的比较实验中将遵循以上介绍的实验方法,其他诸如算法参数设置等实验细节将在后续章节使用处提供给出。

5.3　MFS 算法实验结果及分析

本节中将主要介绍第 3 章提出的 MFS 算法的相关实验细节,为在下一节中讨论整合特征选择后的 CoCoLCS_MFS 算法奠定基础。

5.3.1　算法参数设置

MFS 特征选择方法混合了 GA-Wrapper 方法与 ReliefF-Filter 方法

的算法思想。ReliefF-Filter 方法仅用于计算特征排名,不涉及任何的参数设置。对于 GA-Wrapper 方法而言,重要的算法参数包括种群规模、进化迭代次数、交叉率、变异率、种群初始化特征选中的概率以及适应度评价函数中的 α 因子。其中,前五个参数很容易在基于 GA 的 Wrapper 方法相关文献中找到参考,重点是权衡预测准确率与特征约简率两大选择压力的 α 因子。为此,首先在若干 Benchmark 测试集上小规模地测试了 α 因子在区间 $[0.4, 0.7]$ 内的取值对算法性能的影响,此处采用了单近邻规则(1-Nearest Neighbor Rule,1-NN)[83] 作为分类器计算预测准确率,实验结果如图 5.1 所示。由图可知,分类器的预测性能确实受 α 因子的取值的影响,不过变化并不剧烈,大致在 $\alpha=0.6$ 时取得最佳性能。

图 5.1 MFS算法中权重因子 α 的参数调整结果

综上,表 5.2 中总结了 MFS 算法中各项参数设置情况。

5.3.2 实验结果与讨论

为了验证本书所提出的 MFS 算法中混合式设计的有效性,与之比较的还有经典的 GA-Wrapper 方法和作为 Filter 方法的 ReliefF 算法。其中，GA-Wrapper 方法采用了与 MFS 算法相同的参数设置（如表 5.2 所示），而 ReliefF 算法中相关度阈值设为 0.2。仍然采用 1-NN 分类器计算预测准确率，实验结果汇总如图 5.2 所示。

表 5.2　MFS 特征选择方法的参数设置情况

参数	描述	取值
Size of population	种群规模	50
Crossover rate	交叉率	0.8
Mutation rate	变异率	0.1
Sampling rate	个体抽样率	0.1
Prob. of value 1 in initialization	初始化时特征被选中的概率	0.5
Terminal generation	进化迭代次数	4 000

由图可知，本书所讨论的 MFS 算法在四个测试数据集上都取得了三者中最高的分类准确率，确实改善了算法的预测性能。

图 5.2　MFS 算法与传统特征选择方法的性能比较图

5.4 CoCoLCS_MFS 算法实验结果及分析

本节主要对第 4 章提出的 CoCoLCS_MFS 算法与其他经典的分类算法进行性能对比,以验证算法的有效性。

5.4.1 算法参数设置

CoCoLCS_MFS 算法的参数设置由两大部分构成:其一是负责特征选择的 MFS 算法,5.3.1 小节已专门讨论过其参数设置问题,在 CoCoLCS_MFS 算法中也沿用了表 5.2 中的参数设置;其二是负责分类器演化的 Pittsburgh 式学习分类器算法 GAssist,鉴于 Bacardit 在文献[34]中已经给出了一套较为优化的参数设置,故而本章也将其用于 CoCoLCS_MFS 算法中,具体参数取值汇总如表 5.3 所示。

表 5.3 CoCoLCS_MFS 算法中 LCS 部分的参数设置情况

参数	描述	取值
Size of population	种群规模	200
Prob. of crossover	交叉率	0.6
Prob. of mutation	变异率	0.04
♯Strata	分层数	2
Prob. of value 1 in initialization	初始化时属性取值被选择的概率	0.5
Selection strategy	父代选择策略	truncation selection
Prob. in selection	父代选择的随机概率	0.5
Replacement strategy	种群替代策略	elitist replacement
Prob. in replacement	种群替代的随机概率	0.5
♯ Rules in initial individual	初始个体的规则长度	20
Terminal generation	进化迭代次数	4 000
Generations for rule deletion	规则删除执行间隔	50

5.4.2 实验结果与讨论

为了验证 CoCoLCS_MFS 算法的有效性,选取了若干经典的分类算法与之进行性能比较,其中包括朴素贝叶斯分类器 NB、决策树算法 C4.5、决策表算法 PART 和支持向量机 SVM。供比较的各算法都采用了开源数据挖掘软件 WEKA 中的实现[①],并遵从 WEKA 发行版中的默认参数配置。几大算法的实验结果整理如表 5.4 所示,其中最优的结果由粗体字加以强调。一方面,从表中数据可以看到,所提出的 CoCoLCS_MFS 算法在大部分 Benchmark 数据集上都取得了最优的预测性能,且具有最高的平均预测准确率。另一方面,CoCoLCS_MFS 算法预测准确率的平均标准差在所有算法中也是最低的,表明 CoCoLCS_MFS 算法有着较好的性能稳定性。

表 5.4　CoCoLCS_MFS 算法与各经典分类算法的预测准确率结果

数据集	CoCoLCS_MFS		NB		C4.5		PART		SVM	
	Ave.[(1)]	Std.[(1)]	Ave.	Std.	Ave.	Std.	Ave.	Std.	Ave.	Std.
aus	**0.865 9**	**0.023 5**	0.815 9	0.024 4	0.856 5	0.024 8	0.808 7	0.039 2	0.713 0	0.037 5
che	0.965 4	0.015 4	0.879 8	0.011 0	0.993 4	**0.003 9**	0.990 0	0.005 5	**0.994 1**	0.004 6
cre	**0.873 2**	0.018 4	0.813 0	0.028 3	0.872 5	**0.015 0**	0.852 2	0.020 9	0.856 5	0.016 5
dia	**0.777 9**	**0.023 1**	0.753 8	0.047 7	0.723 9	0.040 1	0.725 2	0.040 5	0.773 4	0.028 9
ger	0.710 0	**0.013 1**	**0.742 0**	0.022 5	0.718 0	0.042 5	0.684 0	0.050 7	0.690 0	0.017 7
hab	**0.782 5**	**0.018 2**	0.735 2	0.091 1	0.712 5	0.058 2	0.722 2	0.072 8	0.719 0	0.075 9
heart	0.798 1	0.039 0	**0.837 0**	0.066 0	0.733 3	**0.033 6**	0.763 0	0.047 9	0.755 6	0.047 9
hep	0.844 1	**0.028 2**	**0.845 2**	0.069 9	0.767 7	0.100 5	0.806 5	0.075 7	0.774 2	0.149 6
ion	**0.910 9**	0.032 8	0.907 3	0.040 9	0.904 1	0.047 7	0.900 5	**0.031 6**	0.859 6	0.044 4
liv	0.684 5	**0.024 6**	0.658 0	0.052 9	0.681 2	0.043 5	0.634 8	0.036 1	**0.692 8**	0.051 6
monk	0.996 6	0.008 1	0.750 0	0.006 8	**1.000 0**	**0.000 0**	0.995 3	0.010 4	**1.000 0**	**0.000 0**
mush	0.991 5	0.002 8	0.955 8	0.008 9	**1.000 0**	**0.000 0**	**1.000 0**	**0.000 0**	**1.000 0**	**0.000 0**
par	0.900 9	0.036 7	0.712 8	0.055 6	0.861 5	0.069 3	0.835 9	0.059 0	**0.923 1**	0.029 2
tic	**0.967 2**	0.021 3	0.707 7	0.030 8	0.839 3	0.034 3	0.947 8	0.027 4	0.960 3	**0.013 1**
tra	0.778 4	**0.000 0**	0.758 0	0.048 8	**0.787 5**	0.035 9	0.783 5	0.033 8	0.751 7	0.020 4
vote	**0.973 2**	0.024 2	0.903 4	0.048 5	0.963 2	0.027 4	0.963 2	0.027 4	0.944 8	**0.015 0**
wis91	0.969 1	**0.011 7**	**0.975 7**	0.010 9	0.938 5	0.016 4	0.948 5	0.018 4	0.920 9	0.018 1
wis95	0.941 3	0.019 2	0.947 3	0.016 5	0.933 2	0.022 0	0.942 0	**0.015 9**	**0.968 4**	0.015 9
average	**0.873 9**	**0.020 0**	0.816 6	0.037 9	0.849 2	0.034 2	0.850 2	0.034 1	0.849 9	0.032 6

(1) Ave. 栏表示各算法多次运行的分类准确率的平均值,Std. 栏表示分类准确率的标准差,本章中后续表格皆同。

---

① http://www.cs.waikato.ac.nz/ml/weka/

5.4.3　显著性检验

为了提高结论的可信度,采用 Wilcoxon 符号秩和检验(Wilcoxon Signed-rank Test)对 CoCoLCS_MFS 算法与其他经典分类算法的比较实验结果进行显著性检验,以验证双方性能是否存在显著性差异。Wilcoxon 符号秩和检验是传统配对 t 检验的非参化版本,更适用于数据分布未知的情况[84]。所提出的 CoCoLCS_MFS 算法作为受控方法(Control Method),与其他所有供比较的分类算法进行两两比较,统计检验结果如表 5.5 所示。

表 5.5　CoCoLCS_MFS 算法与其他经典分类算法对比试验显著性检验结果,
显著性水平 $\alpha = 0.05$

	R^+	R^-	p 值	零假设
CoCoLCS_MFS v. s.　NB	146	25	0.003 9	拒绝
CoCoLCS_MFS v. s.　C4. 5	137	34	0.011 8	拒绝
CoCoLCS_MFS v. s.　PART	149	22	0.002 7	拒绝
CoCoLCS_MFS v. s.　SVM	131	40	0.022 6	拒绝

由表中数据可以得知,Wilcoxon 符号秩和检验拒绝了所有的零假设(Nullhypothesis),即表明 CoCoLCS_MFS 算法在与其他经典分类算法的两两对比中,都占有显著性的优势。故而可知,所提出的 CoCoLCS_MFS 算法在分类性能上具有很高的竞争力。

5.5　特征选择对学习分类器的影响分析

本节重点考察整合特征选择后的 CoCoLCS_MFS 算法与传统的 Pittsburgh 式学习分类器 GAssist 算法在各项性能指标上的差异,以分析特征选择对学习分类器带来的影响。GAssist 算法同样采用了表 5.3 中所列的参数设置。

5.5.1　预测准确率

分析对比了特征选择整合前后学习分类器算法在预测准确率上的差

异,实验结果如表 5.6 所示。一方面,加入特征选择之后,CoCoLCS_MFS 法在 11 个 Benchmark 数据集的 9 个中都取得了优于 GAssisit 算法的分类性能。其中,改进最为明显的是 diabetes 和 SPECT 两个数据集,预测准确率都提高了近 8 个百分点;在落后的两个数据集上,CoCoLCS_MFS 算法也取得了与 GAssist 算法相差无几的准确率。另一方面,在所有的 Benchmark 数据集上,CoCoLCS_MFS 算法分类准确率的标准差都要小于 GAssist 算法,表明整合的特征选择过程不仅帮助 CoCoLCS_MFS 算法提高了分类性能,同时也改善了算法性能的稳定性。

表 5.6　CoCoLCS_MFS 算法与 GAssist 算法的分类准确率比较结果

数据集	GAssist		CoCoLCS_MFS	
	Ave.	Std.	Ave.	Std.
che	**0.968 4**	0.003 2	0.9654	**0.000 9**
dia	0.649 0	0.008 8	**0.723 9**	**0.000 7**
ger	0.669 7	0.025 7	**0.707 8**	**0.010 5**
mush	**0.996 7**	0.004 3	0.991 5	**0.002 9**
onehr	0.960 9	0.011 6	**0.962 0**	**0.004 8**
par	0.892 3	0.050 1	**0.894 9**	**0.013 5**
sonar	0.696 0	0.061 8	**0.727 8**	**0.055 0**
spam	0.915 1	0.014 8	**0.923 6**	**0.005 6**
SPECT	0.674 5	0.028 8	**0.751 9**	**0.013 7**
vote	0.963 0	0.015 5	**0.969 0**	**0.003 6**
wis95	0.911 4	0.022 5	**0.941 3**	**0.012 5**

5.5.2　运 行 时 间

本节分析对比了特征选择整合前后学习分类器算法在运行时间上的差异。由于 GAssist 算法可以视为 CoCoLCS_MFS 算法的一个子模块,两者都是使用 Java 编程语言实现,具有相同的运行环境,且在编程技巧等方面水平相当,故而两者的绝对运行时间具有较高的可比性。表 5.7 展示了两大算法在各个 Benchmark 测试集上单次运行的耗时情况,所有实验都运行在搭配了 Intel Core 2 系列主频 3.00 GHz 处理器与 2 GB 内存的台式机上,程序的软件运行平台采用的是 Java Platform, Standard

Edition 6[①]。由表中数据可以看到,整合特征选择后的 CoCoLCS_MFS 算法运行时间明显少于原先的 GAssist 算法。在拥有高样本数(8 124)、中等特征维数(22)的 mushroom 数据集上,CoCoLCS_MFS 算法的单次运行时间不到 GAssist 算法的四分之一;在高样本数(4 601)、高特征维数(57)的 spambase 数据集上,CoCoLCS_MFS 算法也节省了超过 60% 的计算开销。这些实验数据同时也验证了 4.3.4 小节中对于 CoCoLCS_MFS 算法计算复杂度的理论分析。

表 5.7　CoCoLCS_MFS 算法与 GAssist 算法的运行时间比较结果　(单位:s)

数据集	GAssist		CoCoLCS_MFS	
	Ave.	Std.	Ave.	Std.
dia	91.41	9.68	24.87	0.50
che	2 649.16	510.72	738.05	150.76
ger	337.11	51.28	96.60	9.96
mush	3 772.23	454.81	826.66	332.29
onehr	1 296.05	719.75	469.17	63.33
par	71.33	7.71	63.16	5.84
sonar	137.67	14.09	114.69	9.04
spam	4 569.21	436.674	1 742.89	158.48
SPECT	193.67	39.36	42.93	7.41
vote	183.02	15.46	30.64	2.44
wis95	168.96	23.18	122.46	24.96

5.5.3　特征约简率

对 CoCoLCS_MFS 算法中整合的特征选择过程所能达到的特征约简率进行了统计,结果如表 5.8 所示。由表中数据可以得知,CoCoLCS_MFS 算法在所有测试数据集上都约简了超过一半的特征,其中特征约简率最高的是 diabetes 和 housevotes 数据集,两者都达到了 80% 以上。正是由于内嵌的特征选择方法降低了分类过程中需要考虑的特征数量,降低了学习分类器算法中分类器与样本实例进行匹配时候的计算量,而这正是分类器适应度评价的主要计算开销,因此,加入特征选择后的

[①]　http://www.oracle.com/technetwork/java/javase/downloads/index.html

CoCoLCS_MFS 算法相较于原先的 GAssist 算法反而能够节省大量的运行时间。

表 5.8　CoCoLCS MFS 算法的特征约简率结果

数据集	原始特征数	特征选择后		平均约简率
		Ave.	Std.	
che	36	14.00	2.62	0.611
dia	8	1.00	0	0.875
ger	24	6.44	1.53	0.732
mush	22	7.10	1.73	0.677
onehr	72	24.25	1.91	0.663
par	23	7.45	0.51	0.676
sonar	60	26.33	1.12	0.561
spam	57	27.60	1.78	0.516
SPECT	22	5.75	0.97	0.739
vote	16	2.10	0.32	0.869
wis95	32	12.44	1.67	0.611

5.5.4　显著性检验

本章继续采用 Wilcoxon 符号秩和检验对 CoCoLCS_MFS 算法与 GAssist 算法的比较实验结果进行显著性检验,以验证两者性能是否存在显著性差异。在统计检验中,主要考察了预测准确率和运行时间这两项指标,检验的显著性水平 α 统一设置为 0.05。Wilcoxon 符号秩和检验的结果如表 5.9 所示。鉴于 Wilcoxon 符号秩和检验同时拒绝了这两个零假设,可以推定 CoCoLCS MFS 算法在预测准确率和运行时间这两项指标上都显著地优于 GAssist 算法。

表 5.9　CoCoLCS MFS 算法与 GAssist 算法对比试验显著性检验结果,
显著性水平 $\alpha = 0.05$

GAssist v. s. CoCoLCS_MFS	R^+	R^-	p 值	零假设
分类准确率	7	59	0.011	拒绝
运行时间	66	0	0.002	拒绝

5.6　本章小结

　　本章对第 3 章提出的 MFS 算法以及第 4 章整合 MFS 特征选择过程后的 CoCoLCS_MFS 算法进行了大量的算法评测工作。首先,比较了混合式 MFS 特征选择算法与传统 GA-Wrapper 算法和 ReliefF-Filter 算法,比较试验结果表明 MFS 算法中的混合式设计确实能够提高特征选择的分类性能。其次,对于整合 MFS 算法特征选择过程的 CoCoLCS_MFS 算法,选择了若干经典的分类算法与之比较,并使用非参统计检验方法对比较实验结果进行了显著性检验。分析结果表明,CoCoLCS_MFS 算法在分类性能上显著地优于其他经典分类算法。最后,本章对 CoCoLCS_MFS 算法与未嵌入特征选择过程的 GAssist 算法进行了细致的比较,结果显示,CoCoLCS_MFS 算法在分类准确率和运行时间这两项指标上都显著地优于传统的 GAssist 算法,而计算开销的节省源于内嵌的特征选择过程在很大程度上减少了分类过程中所需考虑的特征数目,进而降低了分类器适应度评价的计算量。

第6章

关于演化搜索的一项扩展性工作——基于混合式 GVNS 算法的多处理器任务调度研究

6.1 概　　述

　　伴随着计算机平台"多核时代"的到来以及"云计算"等分布式计算技术的兴起,并行计算已经成为当今业界主流的处理方式。随之而来的,还有许多在传统的串行计算方式下不曾遇见的问题,其中就包括多处理器任务调度问题。简言之,任务调度处理的是多处理器系统在多个任务上的时间分配问题,不同于串行机进程调度的时间片分配,并行处理中多个任务通常相互间存在一定的依赖关系,这种依赖关系无疑增加了问题的难度。本章在系统梳理多处理器系统任务调度算法相关研究的基础上,综合了三大类调度算法的方法要素,提出了一种混合式任务调度算法,大量的仿真实验结果表明该混合式算法产生的调度解优于传统算法。进一步的分析发现,混合式的方法设计对算法性能和收敛速度两方面的提高都有所助益。

　　本章后续部分组织如下:6.2 节对多处理器系统的任务调度研究进行了概要综述,其中包括任务调度问题出现的背景,问题模型以及主流的几种任务调度算法研究进展;6.3 节介绍了混合式 GVNS 的设计思想和整体框架;6.4 节、6.5 节和 6.6 节则分别阐述了混合式 GVNS 算法的某种方法要素设计;6.7 节详细介绍了混合式 GVNS 算法与其他传统调度算法的比较实验结果与分析;6.8 节是本章小结。

6.2　多处理器任务调度

计算机自从诞生之日开始,就为科学研究不断注入新的活力。随着计算机技术的飞速发展,几乎所有的学科都步入精确的定量化研究,逐渐发展出诸如计算生物学、计算气象学等一系列计算性的学科分支,计算科学已经俨然成为与传统的理论科学和实验科学相提并论的第三大科学门类[85]。归根结底,计算科学的发展需要依托于计算机系统强大的计算能力。

提高计算机系统的计算能力主要有两种途径。其一是提高单机的处理速度,著名的"摩尔定律"就是针对 CPU 处理能力发展趋势的经验预测。早期半导体集成工艺的发展确实验证了摩尔定律,然而,随着半导体元器件集成度的提高,能耗和散热问题成为难以突破的工艺瓶颈,单机 CPU 的处理速度已经接近现有工艺技术的极限。其二是增加计算机系统中处理器的数量,即提高同一时间可执行运算的物理资源的规模,多机系统与多核系统就是在这种指导思想下发展起来的。理论上,并行系统不存在单机系统中芯片集成度的工艺限制,不过并行计算这种全新的计算方式也带来了许多传统串行处理中未曾遇见的问题,比如处理器间通信(Inter-processor Communication)、资源分配(Resource Allocation)、任务调度(Task Scheduling)等[86]。本质上,这些问题都是为了最大限度地发挥并行系统的并行性,任务调度问题就是其中的关键。

本节首先介绍多处理器系统任务调度问题的研究背景,明确本章的目标研究问题在整个调度研究中的位置;然后从多处理器系统与待处理任务两个方面建立问题的形式化模型;最后概述现有调度算法的研究脉络。

6.2.1　研究背景

根据执行调度的场合不同,多处理器系统上的调度问题可以分为本地调度(Local Scheduling)与全局调度(Global Scheduling)。本地调度指的是单个处理器上的进程调度,即单机上的操作系统按照一定的进程调度算法将处理器的时间片分配给运行在本地的进程。不同于本地调度仅仅针对单独的一个处理器,全局调度面向的是整个多处理器系统,其中涉及多个处理器之间的通信、等待等同步问题。按照调度发生的时机不同,全局调度又可以分为动态调度(Dynamic Scheduling)和静态调度(Static

Scheduling)。动态调度是在运行时实现的,其核心是进程迁移(Process Migration),即设立某种策略指导任务处理对应的进程在多个处理器之间进行迁移以达到负载平衡的目标。鉴于动态调度本身就有很大的运行开销,且需要运行时环境的支持,本章将不作进一步讨论,而是把研究的重点放在静态调度上。

对于静态调度而言,所有的调度过程都是在程序运行之前完成,换言之,调度发生的时机是编译时(Compile-Time)。这就要求有关任务的计算量、各个任务间的依赖关系与通信情况、每个处理器的计算能力、多处理器系统的网络拓扑结构、网络各条链路的通信带宽等信息在编译时都是已知的。在通常情况下,编译系统基于以上信息,在一定的调度算法指导下,将任务分配到某个处理器上,并确定处理器上多个任务之间的处理优先级关系。一旦某个任务分配到具体的处理器上并开始执行之后,该任务就只能在该处理器上执行且不能被其他任务打断,即所谓的非抢占式(Non-preemptive)任务执行方式。

6.2.2　多处理器任务调度问题模型

为了便于问题的研究,多处理器系统中的静态任务调度问题通常被抽象为两个形式化模型,一个用来对多处理器系统建模,另一个用来表示待处理的任务。其中,多处理器系统一般被抽象为一个网络拓扑图,拓扑图中的结点表示单个处理器,而拓扑图中的边则表示处理器之间的通信链路,处理器间通信都依赖着网络链路上的消息传递(Message Passing)。多处理器系统可以是同构的,即每个处理器都拥有相同的计算能力,也可以是异构的,即各个处理器的处理速度各异。多处理器系统的网络拓扑也可以多种多样。在本书中,假定目标多处理器系统具备如下特征:(1)异构的;(2)非抢占式执行方式;(3)全连接的网络拓扑;(4)通信链路带宽相等;(5)单个任务只能执行一遍[①];(6)每个处理器拥有独立的I/O单元,使得通信和计算可以在同一时间进行。

另一方面,为了适应多处理器系统中的并行处理方式,原先的程序通常通过程序划分的方式分解成多个小规模的子任务,这些子任务之间存在某种依赖关系(Dependence),如某任务的输入是某任务的输出,又如多

---

①　某些调度算法会通过假设允许任务复制(Task Duplication)来减少处理器间通信,进而降低总处理时间[87],不过,任务复制需要运行时环境提供支持以及复杂的容错机制,存在很大的潜在开销。

个任务写入相同的存储单元,为了保持结果的正确性,就必须保持这些任务在原先串行处理方式下的执行次序。通常使用有向无环图(Directed Acyclic Graph,DAG)模型描述这种多个任务及其之间的依赖关系。一个 DAG 包含由 v 个结点组成的结点集合 V 以及由 e 条有向边组成的边集合 E,其中每个结点对应于一个分解后的子任务,而有向边则表示了任务间的优先级约束,比如任务 n_i 与任务 n_j 之间的有向边 $e_{i,j}$ 就代表 n_j 需要等待 n_i 完成之后才能开始执行。有向边的源结点被称为前驱(Predecessor)结点,尾结点则被称为后继(Sucessor)结点。在 DAG 模型中,入口(Entry)结点没有前驱结点,而出口(Exit)结点则没有后继结点。为了方便之后的算法表述,假定目标 DAG 是单入单出的结构。一般而言,每个结点 n_i 都关联着一个权重 w_i,表示其运行时间,鉴于异构多处理器系统中处理器的计算能力各异,每个结点的权重是一个 n 维向量,n 是系统中的处理器个数,向量的第 j 个分量 $w_{i,j}$ 表示任务 n_i 在第 j 个处理器上的运行时间。与此同时,每条有向边 $e_{i,j}$ 也都关联着一个权重 $c_{i,j}$,表示相互依赖的任务 n_i 和 n_j 之间的通信开销。值得注意的是,如果两个相互依赖的任务被分配到同一个处理器上执行,则将忽略两者间的通信开销。

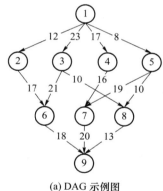

(a) DAG 示例图

任务	P_1	P_2	P_3	P_4
1	14	16	14	17
2	10	12	12	14
3	17	19	15	16
4	20	22	18	22
5	21	18	16	20
6	12	14	14	16
7	16	16	20	17
8	19	17	20	18
9	14	15	16	16

(b) 任务的计算开销矩阵

(c) 调度方案示例图

图 6.1　多处理器系统静态任务调度问题示意图

图 6.1 给出了一个多处理器任务调度问题的完整示例。图(a)是待处理任务的 DAG 模型,有向边上的数值就是任务间的通信开销大小;图(b)给出了各个任务在 4 个处理器 $P_1, \cdots, P_4$ 上的运行时间矩阵;图(c)则是调度方案示意图,由图(c)可以看出,这 9 个相互依赖的任务分配到 4 个处理器上,完成所有的计算总计 106 个单位时间。在通常情况下,静态任务调度的目标就是最小化所有任务的执行完成时间,这个时间又被称为调度全长(Makespan)。

6.2.3　调度算法研究进展

鉴于调度之于并行计算的重要性,在过去的数十年中多处理器系统的任务调度问题一直是学界的研究焦点,研究者们提出了为数众多的调度算法[88,89]。根据算法是否保证每次取得问题的最优解,调度算法可以分为保证最优解完备算法(Complete Algorithm)和可能收敛到近优解的近似算法(Approximate Algorithm)。而在近似算法中,根据算法是否引入随机化策略,又可以进一步细分为确定性(Deterministic)算法和非确定性(Non-Deterministic)算法。以下分别介绍这几种调度算法类别下的代表性工作。

（1）完备算法

由于一般化的静态 DAG 调度早已被证明是一个 NP 完全问题[90],基于穷举法的完备算法计算复杂度随着 DAG 的规模呈指数级增长,即便是对于中等规模的调度问题,这种计算开销也是不可承受的。

目前,研究者只在 3 种受限的调度场景中发现存在多项式复杂度的完备算法:①在任意多个处理器上调度结点等权重的树形任务图[91];②在两个处理器上调度任意结构的结点等权重的任务图[92];③在任意多个处理器上调度一个区间有序(Interval-ordered,指的是任意两个存在优先约束的结点能被映射到实数时间轴上互不重叠的区间上)的结点等权重的任务图[93]。在以上 3 种场景中,都没有考虑 DAG 的边权重,即假设相互依赖的子任务之间不存在任何通信开销,这种假设显然过于简化,难以切合实际的调度场景。

鉴于其高复杂度以及高限制性,完备算法通常只是作为理论研究的对象,或是用于求解某些 Benchmark 测试问题集的最优解,缺乏实用性。

（2）确定性算法

由于调度问题的复杂性,最早在实际应用中通常是由工作人员根据经验和直觉制定一系列的调度规则,这就是确定性调度算法(又名基于启发式策略调度算法)的前身。具体说来,按照启发式策略所蕴含的方法思想的不同,确定性算法又可以分为表调度(List Scheduling)算法和聚类(Clustering)算法[88]。表调度算法的通常做法是依据一定的启发式规则和目标任务图的结构信息赋予 DAG 中每个结点一个优先级(Priority),并按照该优先级对所有结点进行排序,使其形成一个调度表(Scheduling List)。其后,在每个调度步中将拥有最高优先级的可执行任务从调度表中移除,并按照一定的处理器选择策略将其分配到某个具体的处理器执行(一般都是选择允许结点开始执行时间最早的那个处理器)。如此反复直至调度表为空,即完成所有结点的调度。由此可知,制定优先级的启发式策略是表调度算法的关键,研究者提出了众多评价指标以衡量各个结点的重要性,大量模拟实验数据表明基于关键路径(Critical Path,CP)的指标具有性能上的优势[94]。早先的表调度算法只是在调度之初计算一遍调度表,此后整个执行过程中所有结点的优先级都不会发生改变。近年来,有研究人员提出在调度过程中"动态"改变结点优先级的方法,即在每一次任务分配之后重新计算未分配结点的优先级[95]。这种"动态"方法虽然可能可以提供更为优化的调度解,但是会增加算法的计算复杂度。早期的表调度研究通常假设目标多处理器系统是同构地以简化算法需要考虑的因素[96,97],近期的表调度研究已经逐渐转向异构多处理器系统,提出了一系列有影响力的调度算法,如 HEFT(Heterogeneous Earliest Finish Time)算法[98]和 LDCP(Longest Dynamic Critical Path)算法[99]。

不同于表调度算法中为每个结点单独计算优先级的做法,聚类算法采用的则是一种任务合并的思想[89,100]。在聚类调度算法中,起初 DAG 中每个结点都被视为一个簇(Cluster),其后尝试着合并两个簇,只要这个合并过程可以减小整体的完成时间,如此反复进行直至不存在满足条件的簇。在合并的过程中通常假设处理器数目足够多,因此,对于实际调度场景而言,聚类算法在完成以上的合并步骤之后,还需要将这些可能包含多个任务结点的簇分配给具体的处理器执行,这个后处理过程在文献中一般被称为映射(Mapping)。

总的来说,无论是表调度还是聚类调度,确定性算法的优势在于其搜索过程局限于状态空间的一个很小的子集内,故而算法计算复杂度低,运行效率很高;然而,确定性算法实质上都是基于局部信息的贪心策略,这些策略的有效性很大程度上依赖于特定任务图的结构,因此很难保证算法在大范围的调度问题中一直维持良好的算法性能。

（3）非确定性算法

由于调度问题实质上就是在调度目标指导下的优化问题，为了提高优化质量，许多在搜索过程中引入随机化方法的元启发式策略（Metaheuristics）被引入调度领域[101]。元启发式策略通常结合迭代求精的思想以提高搜索质量，按照在每一轮迭代中处理的问题解的数量，该类方法又可以进一步细分为轨迹方法（Trajectory Method）和基于种群的方法（Population-based Method）。

轨迹方法在每次迭代中仅处理一个问题解，每个算法步骤就是在指定的邻域结构（Neighborhood Structure）中从当前解跳到另一个局部最优解，其间加入一定随机化策略以避免过早收敛于局部最优。从整个搜索过程来看，该类方法就是在邻域结构的指导下在状态空间中串连出一道"轨迹"。典型的轨迹方法包括模拟退火（Simulated Annealing，SA）[102]、禁忌搜索（Tabu Search，TS）[103]、引导式局部搜索（Guided Local Search，GLS）[104]和变邻域搜索（Variable Neighborhood Search，VNS）[105]。尽管有研究指出在理论上只要满足一定的条件（如 SA 方法中的对数式退火函数），轨迹算法可以保证收敛至全局最优。然而，在实际应用中出于运行效率和算法可用性等方面的考虑，这些理论证明中的严苛条件通常无法满足。加之轨迹方法仅仅针对一个调度解进行搜索，故而还是易于出现早熟收敛的现象。

基于种群的方法实质上就是之前章节就已经介绍过的进化计算方法，典型的算法有遗传算法（Genetic Algorithm，GA）[106]、人工免疫系统（Artificial Im-mune System，AIS）[107]、蚁群优化（Ant Colony Optimization，ACO）[108]和粒子群优化（Particle Swarm Optimization，PSO）[109]等。这类进化计算方法在搜索过程中维护了一个由多个调度解组成的种群，通过在每轮迭代中对这些调度解执行随机化的遗传操作保证了算法在状态空间内的全局搜索能力。因此，相较于每轮迭代专注于单个问题解的轨迹方法，基于种群的方法通常具有更好的搜索性能。不过与之相对的是，基于种群的方法由于需要同时处理多个问题解，提高了算法的运行开销；随机化的遗传操作无法有效利用状态空间的局部信息，故而易于出现算法收敛缓慢的效率问题；此外，基于种群的算法通常包含更多的算法参数，算法性能容易受参数初值设定的影响。

相较于确定性算法，非确定型算法更好地保证了算法最终生成调度解的质量，这在调度方案生成之后重复使用的应用场景中尤为重要。因此，近年来研究者越来越多地将注意力转移到非确定性算法上，其中又以基于遗传算法的调度方法最为盛行[110-116]。

6.3 基于启发式策略的混合式 GVNS 调度算法的总体设计

6.3.1 混合式设计的算法思想

通过以上的介绍可以看到,每一大类调度算法都具有其各自的优势和劣势。与此同时,不同类别的调度算法又存在一定的互补性。以轨迹方法和基于种群的方法为例,前者善于结合领域知识充分利用状态空间的局部信息进行局部搜索,而后者则长于随机化的全局搜索以保证搜索的性能,两者的结合就是第 3 章中业已提及的 Memetic 算法设计范式[117,118]。再比如表调度算法和基于种群的算法,前者基于贪心策略大大缩减了搜索空间以提高效率,而后巨大的运行开销一定程度上也是由于全局搜索的状态空间过大。因此,如果能在算法中结合多种调度方法,取长补短,则将更好地平衡算法的性能与效率。

正是在这种混合式设计的思想指导下,本章讨论了一种基于启发式规则的混合式 GVNS 调度算法(Heuristic-based Hybrid Genetic Variable Neighborhoo Search Algorithm,GVNS),该方法整合了确定性表调度算法(HEFT 算法)、轨迹方法(VNS 算法)和基于种群的方法(GA 算法)三者的方法要素,使用表调度的启发式规则计算结点优先级以缩减搜索的状态空间规模,基于 GA 种群确保一定强度的随机化搜索以保证调度解的质量,并在 GA 全局搜索过程中结合基于 VNS 方法的局部搜索,结合调度领域的经验知识充分利用状态空间的局部信息以提高搜索的效率,以期加快算法收敛。

6.3.2 算法整体框架

具体说来,在本章讨论的 GVNS 算法中,调度过程分为两个阶段:首先是将各个任务分配到具体的处理器;其次是对分配到同一个处理器上的多个任务计算各自的优先级以确定任务的执行次序。其中,任务分配由 GA 中的遗传编码机制负责,而任务优先级的计算则是基于表调度算法

中的启发式规则。图 6.2 给出了 GVNS 算法的整体流程。算法始于 GA
种群的初始化操作,在遗传编码机制的指导下,结合一定的随机化策略生
成一定种群规模的个体,每个个体都编码了一个任务分配方案(即把所有
任务分配到具体的处理器上)。其后,基于表调度启发式规则,计算特定
任务分配方案下各个任务的相对优先级,进而确定任务的执行次序并计
算调度全长,这也是 GA 中种群个体适应度评估的主要依据。完成种群评
估之后,还将继续选择、交叉、变异等典型的遗传操作,以保证状态空间内
一定强度的随机搜索。与传统 GA 不同的是,GVNS 还引入了 VNS 方法
对遗传操作产生的子代个体进行抽样的局部搜索,以期在改善搜索质量
的同时提高算法的收敛速度。局部搜索产生的优化解将并入 GA 的子代
种群,并基于一定的替代策略更新原种群,至此,新种群的产生标志着一
轮迭代的结束。这个迭代的过程将反复执行下去直至满足事先设定的算
法结束条件。

　　在 6.4~6.6 节中,将分别介绍负责任务优先级计算的表调度启发式
策略、负责全局搜索的 GA 以及负责局部搜索的 VNS 这三者的算法设计
细节。

图 6.2　GVNS算法整体流程图

6.4　任务优先级定序的启发式策略

在本章所讨论的 GVNS 算法中,GA 种群个体基于遗传编码机制记录了调度解中任务分配部分的信息(详见 6.5.1 小节),继而引入了表调度启发式策略计算同一处理器上分配到的多个任务的相对优先级,从而形成一个完整的调度解并计算对应调度方案的完成时间。直觉上看,一个任务的相对优先级应该决定于其对于缩减调度全长的重要性,即该任务的执行对于缩短完成时间贡献越大,其相对优先级应该设定得越高。然而,完成时间既受该任务本身的执行结束时间的影响,同时也有赖于该任务的后继任务的完成进度。受到 Topcuoglu 等人在文献[98]中提出的 HEFT 算法的启发,本章所讨论的方法也采用一种基于回溯思想的优先级计算方法,同时也借鉴了 HEFT 算法中任务升秩(Upwardrank)的概念。对于 DAG 中某个任务 t_i 而言,其升秩 $\mathrm{rank}(t_i)$ 可以递归地定义如下:

$$
\mathbf{rank}(t_i) = \begin{cases} w_{i,p(t_i)}, & \text{若 } \mathrm{succ}(t_i) = \varnothing \\ w_{i,p(t_i)} + \max\limits_{t_j \in \mathrm{succ}(t_i)} (\mathrm{rc}_{i,j} + \mathrm{rank}(t_i)), & \text{若 } \mathrm{succ}(t_i) \neq \varnothing \end{cases}
$$

$$(6.1)$$

其中,$p(t_i)$ 是该任务分配到处理器的序号,w_i,$p(t_i)$ 指的则是任务 t_i 在该处理器上的处理时间,$\mathrm{succ}(t_i)$ 代表包含任务 t_i 对应结点在 DAG 中所有直接后继结点的集合,而 $\mathrm{rc}_{i,j}$ 则表示两个存在依赖关系的任务 t_i 和 t_j 之间的实际通信开销,严格定义如下所示:

$$
\mathrm{rc}_{i,j} = \begin{cases} c_{i,j}, & \text{若 } p(t_i) \neq p(t_j) \\ 0, & \text{若 } p(t_i) = p(t_j) \end{cases}
$$

$$(6.2)$$

相较于原始的 HEFT 算法,本章中所使用的表调度启发式规则至少在两个方面进行了改进。其一,鉴于提供给启发式规则进行优先级计算的是完整的任务分配方案,在任务分配方案中已经将所有任务映射到具体的处理器上,故而对于某任务的 Upward Rank 计算过程而言,可以使用所指定处理器上的处理时间,而非 HEFT 算法中使用的任务在所有处理器上的平均处理时间。其二,本章中所使用的启发式规则可以充分利用任务分配信息,精确地给出两个具有依赖关系的任务间的实际通信开销,而非 HEFT 算法中假定通信开销一定存在,即便两个相互依赖的任务被分配到同一个处理器上。基于以上两点,本章所提出的表调度启发式规则较之 HEFT 算法可以更加合理地评估任务对于调度完成时间的相对重要性,从而提供更高质量的调度优化指导。

6.5　全局搜索的遗传算法设计

6.5.1　种群个体的基因编码

使用遗传算法求解实际优化问题的一大关键就是选取合适的基因编码方式,将问题解表示成计算机方便处理的形式。对于调度问题而言,按照染色体中记录的信息内容,个体的基因编码大致可以分为两大类:第一,个体既编码了任务分配信息,也记录了任务的优先级信息,后者通常是使用染色体中基因码的相对位置隐式地表达[112,119],或者是借助优先级的绝对值显式地说明[120];第二,个体仅记录任务分配信息,任务优先级与相应基因码在染色体中的相对位置无关[121]。

本章采用了一种与位置无关的基因编码机制,每个染色体由 T 个基因码组成(T 是目标 DAG 中的结点总数),每个基因码中记录了对应序号的任务所分配的处理器编号,即 $1-P$ 的一个正整数(P 是目标多处理器系统的处理器总数)。图 6.3 给出了在该编码机制下的一个典型染色体。

3	1	2	4	3	2	4	3	3

图 6.3　与图 6.1(c)所示调度解对应的个体基因编码

上述基因编码机制决定了 GVNS 算法中任务分配与任务优先级定序两者分离的调度方式。相较于直接在染色体中编码任务优先级的方式,这种做法有两大好处:其一,由于无须考虑基因码在染色体中的排列情况,大大地缩减了编码的状态空间;其二,将任务优先级计算分离出来,也避免了直接编码方式中的优先级合法性检查以及可能的后续修复(Repairing)操作。这两方面都有助于提高算法效率。

6.5.2　种群初始化与个体适应度评估

遗传算法的初始种群就是由随机的一定数量(给定的种群规模)个体所组成。在个体的染色体编码中,每个任务都随机地分配到一个处理器编号。

为了算法描述的方便,假定染色体中的任务顺序符合目标 DAG 的拓扑序,通过在分配任务序号之前执行一趟拓扑排序可以很容易地实现该要求。

在 GVNS 算法中,直接使用个体的对应调度方案的完成时间,即调度全长,作为个体的适应度函数。对于一个已编码的个体,在经由 6.4 节介绍的启发式规则完成任务优先级的计算之后,其调度全长的计算过程如下。

假定当前优先级最高的已准备结点为 n_i,而任务 n_i 被分配到处理器 p_j 上执行,则任务 n_i 的最早开始时间(Earliest Start Time)$T_{EST}(n_i, p_j)$ 可定义如下:

$$T_{EST}(n_i, p_j) = \max\{T_{avail}(p_j), T_{ready}(n_i, p_j)\} \tag{6.3}$$

其中,$T_{avail}(p_j)$ 是处理器 p_j 对于任务 n_j 的最早可用时间,遵循如下定义:

$$T_{avail}(p_j) = \max_{n_k \in exe(p_j)}\{T_{AFT}(n_k)\} \tag{6.4}$$

其中,$exe(p_j)$ 代表包含处理器 p_j 上所有已调度的任务集合,$T_{AFT}(n_k)$ 表示某任务 n_k 的实际结束时间(Actual Finish Time)。此外,公式(6.3)中的 $T_{ready}(n_i, p_j)$ 指的是任务 n_i 执行所需的所有数据在处理器 p_j 上就绪的时间,定义如下:

$$T_{ready}(n_i, p_j) = \max_{n_k \in pred(n_i)}\{T_{AFT}(n_k) + c_{k,i}\} \tag{6.5}$$

其中,$T_{AFT}(n_k)$ 的含义同于公式(6.4),$pred(n_i)$ 则是指包含任务 n_i 所有直接前序结点的集合。值得注意的是,如果任务 n_i 和 n_k 被分配到同一个处理器上,代表实际通信开销的 $c_{k,i}$ 等于零。考虑到任务 n_i 在处理器上 p_j 是以非抢占式的方式执行,其最早结束时间(Ealiest Finish Time)$T_{EFT}(n_i, p_j)$ 可定义如下:

$$T_{EFT}(n_i, p_j) = T_{EST}(n_i, p_j) + w_{i,j} \tag{6.6}$$

当任务 n_i 在处理器 p_j 上的调度完成之后,其最早开始时间 $T_{EST}(n_i, p_j)$ 与最早结束时间 $T_{EFT}(n_i, p_j)$ 就分别转变为实际开始时间 $T_{AST}(n_i)$ 和实际结束时间 $T_{AFT}(n_i)$。对于整个调度方案而言,其调度全长 makespan 就是所有任务实际结束时间的最大值,即出口结点 n_{exit} 的实际结束时间。

$$makespan = \max_{n_i \in V}\{T_{AFT}(n_i)\} = T_{AFT}(n_{exit}) \tag{6.7}$$

6.5.3 遗传操作设计

(1)选择操作

本章采用基于二人锦标赛的选择操作从种群中选出参与后续交叉、变异操作的父代个体,即从父代种群中有放回地随机抽取两个个体进行适应度比较,适应度较高的个体进入候选种群,参与后续交叉、变异等遗传操作。

（2）交叉操作

GVNS算法中采用了随机单点交叉算子,该算子为两个参与交叉操作的父代个体随机选取一个交叉点,继而以该交叉点为界互换父代染色体中的编码段,从而形成一对新的子代个体。交叉率参数 crossover rate 标示了任一一对父代个体接受交叉操作的概率。图 6.4 描述了一个典型的交叉操作过程。

图 6.4　交叉操作示意图

（3）变异操作

变异操作对于预防早熟收敛意义重大。本章中采用的是一种基于位翻转的变异算子,对于给定的种群个体,算法将遍历整个染色体的基因串,并以一定的概率(由变异率参数 mutation rate 给定)改变对应位置上的基因码。因此,对于单个个体而言,发生变异的基因码数目的期望值等于变异率乘以染色体基因串的长度。

6.6　局部搜索的变邻域搜索算法设计

经典的 GA 已被证明可以有效地在状态空间内进行全局搜索,不过随机化的遗传操作却无法有效利用状态空间的局部信息以加快收敛,这也是在进化程中引入轨迹方法进行局部搜索的初衷。本章所使用到的是近年来研究较热的变邻域搜索算法。变邻域搜索是由 Mladenovic 和 Hansen 在 1997 年提出的一种优化算法[122],该方法的核心思想就是在搜索过程中有规律地变换邻域结构以达到跳出局部最优寻求全局最优的目标。变邻域搜索的有效性主要是基于以下 3 个经验来观察:

- 某个邻域结构中的局部最优解在另一个邻域结构中就可能不再是局部最优;
- 全局最优解对于所有邻域结构而言都必然是其中局部最优;
- 对于大部分优化问题而言,多个邻域结构上的局部最优解在状态空间中相对接近。

最后一条经验观察喻示了局部最优解往往提供了一些全局最优的相关信息。不同于其他元启发式优化技术,变邻域搜索中只有很少甚至没有任何算法参数,这种简洁性不但降低了参数调试的难度、提高了算法的可用性,而且极大地推动了该算法在理论基础和实际应用两方面的研究工作[123]。

以下 6.6.1～6.6.3 小节将分别介绍本章中所使用的变邻域搜索的整体算法流程、搜索中用到的邻域结构设计以及对于单个调度解而言的局部搜索过程。

6.6.1 算法流程

本章所讨论的变邻域搜索算法可用伪代码描述如图 6.5 所示。

鉴于有指导的局部搜索是一个计算开销相对较大的过程(相对于纯随机的遗传操作),为了避免过大的效率损失,在每一轮迭代中 GVNS 算法仅针对子代种群的一小部分执行局部搜索的优化搜索。这其中就要对子代种群进行随机抽样,抽样率参数 Sampling Rate 指明了单个个体被抽中的概率。

```
1.    subpop←IntializeVNS(offspring,sampling-rate);
2.       Select the set of neighborhood structures N_K(k=1,2,⋯,k_max);
3.          for each individual s in the subpop do
4.             repeat
5.                k←1;
6.                   while k≤k_max do
7.                      s'←GenerateRandomNeighbor(s,N_K);
8.                      s'←LocalSearch(s',N_K);
9.                      if makespan(s″) < makespan(s) then
10.                        s ← s″;
11.                        k← 1;
12.                     else
13.                        k ← k+1;
14.                     end if
15.                  end while
16.             until the termination condition is met
17.          end for
18.    Combine subpop to update the offspring in GA.
```

图 6.5 VNS 算法整体流程的伪码描述

6.6.2　邻域结构设计

一方面,变邻域搜索成功的关键就在于其中的抖动(Shaking)算法步骤,在该步骤中,VNS 不断变换搜索的邻域结构,以避免过早收敛于局部最优。另一方面,邻域结构的设计也是在局部搜索过程中结合邻域先验知识的集中体现。

在本章中,笔者基于两大一般化的调度策略(平衡负载和减少通信)设计了两个邻域结构,分别命名为 LoadBalance 和 CommReduction。不同于之前研究工作中用到的随机化邻域结构[105],所设计的两个邻域结构都利用到了给定调度解的调度信息以指导局部搜索的过程,使之更具目标性而避免盲目的搜索带来的巨大运行开销。

图 6.6 和图 6.7 分别描述了两大邻域结构的计算过程。LoadBalance 邻域结构的主要思想是找出计算负载最重的处理器,随机选择该处理器上的一个任务并将其调度至其他处理器,以期在所有处理器上尽可能平均地分配计算任务;CommReduction 邻域结构则是找出通信开销(包括任务等待执行的空等时间)最大的处理器,在该处理器的任务列表中搜寻需要等待父结点完成后方可执行的任务,且该任务的父结点并未分配在这个处理器上,进而将这个父结点对应的任务转移到该处理器上执行,以期降低通信和等待的开销。

1. **for** each processor p_i in the solution s **do**
2. $T_{\text{comp}}(p_i) \leftarrow \sum_{n_k \in \text{exe}(p_i)} w_{k,i}$
3. **end for**
4. Choose the processor p_{comp} with the largest T_{comp}.
5. Randomly choose a node n_{random} from $\text{exe}(p_{\text{comp}})$.
6. Randomly choose a processor p_{random} different from p_{comp}.
7. Reallocate the node n_{random} to the processor p_{random}.
8. Encode and reschedule the changed solution s'.
9. **return** s'.

图 6.6　LoadBalance 邻域结构的计算过程

1. **for** each processor p_i in the solution s **do**
2. $T_{comm}(P_i) \leftarrow T_{AFT}(P_i)) - T_{comp}(P_i)$
3. **end for**
4. Choose the processor p_{comm} with the largest T_{comm}.
5. Set the candidate set empty, cand$\leftarrow\varnothing$.
6. **for** each node n_i in the set exe(p_{comm}) **do**
7.   Calculate the set pred(n_i) including all the predecessor nodes of n_i.
8.   Update pred(n_i) with pred(n_i) $\leftarrow$ pred(n_i)) $-$ exe(pcomm).
9.   cand$\leftarrow$cand $+$ pred(n_i).
10. **end for**
11. Randomly choose a node n_{random} from cand.
12. Reallocate the node n_{random} to the processor p_{comm}.
13. Encode and reschedule the changed solution s'.
14. **return** s'.

图 6.7　CommReduction 邻域结构的计算过程

6.6.3　局部搜索

为了降低局部搜索的运行开销，GVNS 算法采用了一种简化的局部搜索策略。对于给定的一个调度解以及邻域结构，局部搜索就是找出这个调度解在该邻域结构中对应的局部最优。换言之，GVNS 算法中使用的局部搜索的搜索强度（也成为搜索步长）设置为 1。放弃使用完整的局部搜索过程可以作如下解释：一方面，在 GVNS 算法中，VNS 方法被集成到 GA 的进化过程中，因此，从整个进化的迭代过程来看，每一轮迭代中VNS"迈出"的搜索步将在状态空间中串联起一个完整的搜索轨迹，故而出于效率的考虑每轮迭代中进行完整的局部搜索是不必要的；另一方面，完整的局部搜索反而容易陷入局部极值，导致早熟收敛的现象，从而影响搜索的性能。局部搜索产生的优化解将并入子代种群，并与父代种群一起参与 GVNS 算法的替代过程。具体说来，新一代种群由合并后的父代种群与子代种群中适应度最高的前 population-size 个个体构成。

6.7　算法实验结果评估与分析

在本节中，将对 GVNS 算法进行全面的性能评估。首先，介绍的是用于算法性能评估的计量指标与算法的参数设置；其次，分别在确定性结构的任务图和随机生成的任务图所组成的 Benchmark 测试集上比较 GVNS 算法与其他最新调度算法的性能；最后，针对 GVNS 中引入的局部搜索对于改善算法搜索性能和收敛速度的影响，做深入的有效性分析。

6.7.1 性能评估指标与参数设置

本章采用调度方案的加速比（Speedup）作为比较调度算法求解质量的评判指标。在其他调度算法相关文献中广泛使用加速比指标进行算法性能比较[98,99,107]。对于给定的一个调度方案，其加速比等于其调度全长 makespan 除以目标 DAG 在目标多处理器系统上的串行执行时间 serial-length。

$$speedup = serial\text{-}length/makespan \tag{6.8}$$

其中，串行执行时间可以通过将所有任务分配到某个特定处理器上的最小完成时间，严格定义如下：

$$Serial\text{-}length = \min_{p_j \in P}\left\{\sum_{n_i \in V} w_{i,j}\right\} \tag{6-9}$$

表 6.1 给出了以下比较实验中包括 GVNS 算法和其他最新调度算法在内的参数设置情况，供比较的算法包括基于遗传算法的 CPGA[116]、基于人工免疫系统的 AIS[107]、以及两种表调度算法 LDCP[99] 和 HEFT[98]。GVNS 算法的参数设置是通过在小规模测试集上的参数调整过程获得，其他算法的参数设置则是遵从原始文献中的设定。

表 6.1　比较实验中各算法的参数设置

参数	GVNS	AIS	CPGA
种群规模	400	400	400
进化迭代次数	3 000	3 000	3 000
变异率	0.02	0.1	0.02
交叉率	0.8	—	0.8
个体抽样率	0.1	0.1	—

6.7.2 确定图上的结果

首先在两个表征实际并行程序结构的 DAG 上进行了调度算法的性能比较，这两个任务图分别是代表高斯—乔丹消元（Gauss-Jordan

Elimination)的 GJ 任务图[124]和代表快速傅里叶变换（Fast Fourier Transformation)的 FFT 任务图[125]。图 6.8(a)和图 6.8(b)分别给出了带有 21 个结点的 GJ 任务图和带有 15 个结点的 FFT 任务图。除此之外,进一步采用了 45 个和 78 个结点的 GJ 任务图以及 39 个和 95 个结点的 FFT 任务图作为 Benchmark 测试集,同类的任务图结构基本一致,只是逐层加多结点。为了体现多处理器系统的异构性,任务结点在各处理器上的运行时间遵循泊松分布[107]。此外,为了提高结果的可信度,设定了多个通信-计算比（Communication-ComputationRate,CCR）和多种处理器规模。对于任何一个 DAG、CCR 和处理器规模的组合,都随机产生10 个运行时间的配置,进而对 10 个配置的调度解加速比取平均值并计算标准差。

(a) 15 个结点的 GJ 任务图   (b) 21 个结点的 FFT 任务图

图 6.8　两个典型并行应用程序对应的任务图

表 6.2 和表 6.3 分别总结了各调度算法在 GJ 任务图和 FFT 任务图上的运行结果,其中使用加粗斜体字标示所有算法中的最优结果。很容易可以看到,所提出的 GVNS 算法在所有的 Benchmark 测试问题上都取得了最佳的平均性能,标准差的结果也标示着 GVNS 算法的稳定性明显优于其他算法。随着调度问题规模的扩大（更多的任务结点或是处理器）,GVNS 较之其他算法的性能优势呈现扩大化的趋势,以 FFT-39 任务图为例,在处理器数目为 2 时,GVNS 算法最终调度解的平均加速比仅比 AIS 算法提高了 2%,而当处理器规模增长到 8 个时,GVNS 算法在 AIS 算法的基础上提高了 25% 的性能。这种性能变化趋势表明,本章所讨论的 GVNS 算法在更大规模的状态空间中拥有更好的搜索性能。

表 6.2 GJ 系列任务图上的实验结果汇总表

处理器规模	任务图	CCR	BEGA Ave.[1]	BEGA Std.[1]	CPGA Ave.	CPGA Std.	AIS Ave.	AIS Std.	LDCP	HEFT
2	GJ-21[2]	0.25	**1.95**	**0.00**	1.92	0.04	1.94	0.01	1.88	1.84
		0.50	**1.90**	**0.00**	1.88	0.03	1.89	0.01	1.81	1.79
		1.00	**1.81**	**0.00**	1.76	0.04	1.80	0.01	1.70	1.51
		2.00	**1.66**	**0.00**	1.60	0.05	1.61	0.03	1.40	1.31
	GJ-45[2]	0.25	**2.11**	**0.00**	2.00	0.03	2.01	0.01	1.89	1.90
		0.50	**2.08**	**0.01**	1.97	0.03	1.99	**0.01**	1.87	1.89
		1.00	**2.03**	**0.01**	1.91	0.04	1.93	**0.01**	1.78	1.79
		2.00	**1.95**	**0.02**	1.77	0.04	1.79	**0.02**	1.63	1.64
	GJ-78[2]	0.25	**2.15**	**0.00**	2.01	0.03	2.01	0.01	1.95	1.93
		0.50	**2.14**	**0.00**	1.99	0.03	2.00	0.01	1.93	1.88
		1.00	**2.12**	**0.01**	1.95	0.03	1.97	0.01	1.89	1.84
		2.00	**2.07**	**0.01**	1.87	0.03	1.89	0.02	1.80	1.76
4	GJ-21	0.25	**2.99**	**0.03**	2.86	0.09	2.72	0.04	2.72	2.66
		0.50	**2.74**	**0.03**	2.56	0.08	2.47	0.03	2.44	2.43
		1.00	**2.13**	**0.01**	2.03	0.04	2.01	0.02	1.97	1.89
		2.00	**1.75**	**0.01**	1.63	0.06	1.56	0.03	1.35	1.37
	GJ-45	0.25	**3.52**	**0.03**	3.27	0.08	3.02	0.04	3.29	3.14
		0.50	**3.31**	**0.06**	3.04	0.08	2.82	0.06	3.03	2.97
		1.00	**2.80**	**0.02**	2.61	0.07	2.44	0.03	2.52	2.56
		2.00	**2.25**	**0.02**	2.05	0.07	1.87	0.03	1.87	1.80
	GJ-78	0.25	**3.95**	**0.03**	3.44	0.08	3.27	**0.03**	3.60	3.57
		0.50	**3.78**	**0.03**	3.48	0.09	3.12	**0.03**	3.49	3.45
		1.00	**3.44**	**0.01**	3.19	0.08	2.82	0.02	3.12	3.11
		2.00	**2.88**	**0.02**	2.42	0.08	2.25	**0.02**	2.44	2.41
8	GJ-21	0.25	**3.37**	**0.02**	3.22	0.11	2.96	0.03	2.97	2.74
		0.50	**2.90**	**0.01**	2.71	0.09	2.61	0.01	2.64	2.39
		1.00	**2.14**	**0.02**	2.02	0.06	2.03	0.03	1.96	1.85
		2.00	**1.72**	**0.03**	1.58	0.07	1.49	0.03	1.39	1.27
	GJ-45	0.25	**4.65**	0.06	4.27	0.11	3.70	**0.04**	3.97	4.01
		0.50	**3.99**	**0.04**	3.65	0.08	3.25	0.04	3.37	3.39
		1.00	**3.01**	**0.02**	2.78	0.06	2.60	0.02	2.58	2.60
		2.00	**2.37**	0.05	2.05	0.07	1.86	**0.02**	1.75	1.76
	GJ-78	0.25	**5.75**	0.08	5.05	0.17	4.28	**0.06**	5.15	5.14
		0.50	**5.04**	0.09	4.66	0.16	3.86	**0.05**	4.56	4.53
		1.00	**3.92**	0.07	3.60	0.11	3.20	**0.03**	3.52	3.50
		2.00	**3.01**	0.05	2.57	0.09	2.33	**0.02**	2.42	2.40

① Ave. 栏表示各算法生成最终调度解加速比的平均值,Std. 栏表示加速比的标准差。

② GJ-21 表示带有 21 个结点的 GJ 任务图,依此类推,下同。

表 6.3　FFT 系列任务图上的实验结果汇总表

处理器规模	任务图	CCR	BEGA		CPGA		AIS		LDCP	HEFT
			Ave.[①]	Std.[①]	Ave.	Std.	Ave.	Std.		
2	FFT-15[②]	0.25	**1.97**	**0.00**	1.89	0.04	1.92	**0.00**	1.76	1.75
		0.50	**1.92**	**0.00**	1.86	0.04	1.88	**0.00**	1.69	1.69
		1.00	**1.70**	**0.00**	**1.70**	0.04	**1.70**	**0.00**	1.51	1.57
		2.00	**1.40**	**0.00**	**1.40**	0.03	**1.40**	**0.00**	1.25	1.10
	FFT-39[②]	0.25	**2.03**	**0.01**	2.01	0.04	1.99	**0.01**	1.94	1.85
		0.50	**2.01**	**0.01**	2.00	0.04	1.96	**0.01**	1.92	1.82
		1.00	**1.96**	**0.00**	1.95	0.03	1.90	0.01	1.93	1.73
		2.00	**1.87**	**0.01**	1.82	0.03	1.80	0.02	1.81	1.67
	FFT-95[②]	0.25	**2.17**	**0.00**	2.04	0.03	2.02	0.01	1.95	1.95
		0.50	**2.16**	**0.00**	2.03	0.03	2.01	0.01	1.94	1.94
		1.00	**2.14**	**0.00**	2.01	0.03	1.99	0.01	1.93	1.92
		2.00	**2.11**	**0.01**	1.97	0.03	1.95	0.01	1.89	1.88
4	FFT-15	0.25	**2.80**	**0.05**	2.60	0.09	2.55	0.06	2.29	2.37
		0.50	**2.35**	**0.03**	2.25	0.07	2.22	0.03	2.02	2.05
		1.00	**1.82**	**0.01**	1.78	0.05	1.77	0.01	1.59	1.61
		2.00	**1.50**	**0.02**	1.43	0.06	1.39	0.02	1.25	1.23
	FFT-39	0.25	**3.56**	**0.03**	3.25	0.11	3.10	0.05	3.11	2.97
		0.50	**3.35**	**0.02**	3.04	0.12	2.91	0.03	3.07	2.92
		1.00	**2.94**	**0.04**	2.52	0.12	2.56	0.04	2.69	2.54
		2.00	**2.46**	**0.03**	2.07	0.12	2.02	0.03	2.01	1.99
	FFT-95	0.25	**4.12**	**0.02**	3.61	0.07	3.54	0.03	3.60	3.61
		0.50	**4.09**	**0.03**	3.51	0.09	3.44	0.03	3.56	3.47
		1.00	**3.90**	**0.03**	3.35	0.09	3.26	0.04	3.39	3.35
		2.00	**3.51**	0.04	2.96	0.10	2.88	**0.03**	3.17	3.16
8	FFT-15	0.25	**2.89**	**0.01**	2.81	0.12	2.61	0.03	2.38	2.23
		0.50	**2.45**	**0.01**	2.38	0.09	2.24	0.02	2.10	1.92
		1.00	**1.84**	**0.01**	1.81	0.05	1.74	0.01	1.62	1.59
		2.00	**1.49**	**0.01**	1.36	0.06	1.30	0.02	1.27	1.22
	FFT-39	0.25	**4.74**	**0.02**	4.42	0.19	3.78	0.05	4.12	3.94
		0.50	**4.07**	**0.03**	3.73	0.14	3.36	0.04	3.47	3.22
		1.00	**3.16**	**0.04**	2.78	0.11	2.75	0.04	2.64	2.71
		2.00	**2.48**	**0.03**	2.07	0.12	2.02	0.04	2.09	2.04
	FFT-95	0.25	**6.88**	**0.07**	5.69	0.25	5.27	0.09	6.22	6.18
		0.50	**6.40**	0.10	5.26	0.23	4.90	**0.04**	5.90	5.84
		1.00	**5.70**	0.09	4.56	0.21	4.28	**0.04**	5.09	5.06
		2.00	**4.37**	**0.02**	3.47	**0.15**	3.32	**0.03**	3.93	3.94

① Ave. 栏表示各算法生成最终调度解加速比的平均值，Std. 栏表示加速比的标准差。

② FFT-15 表示带有 15 个结点的 FFT 任务图，依此类推，下同。

6.7.3　随机图上的结果

为了提高性能比较的可信度,本章进一步使用了一个 DAG 随机发生器生成了一组调度问题测试集。该随机发生器不但可以调节调度问题的绝对规模(处理器数目或节点数目),还可以控制问题的相对复杂性(DAG 的结构参数),表 6.4 总结了本章所使用到的随机发生器参数设定情况。

表 6.4　DAG 随机发生器参数设置情况

参数	描述	取值范围
CCR	通信-计算比	{0.25,0.50,1.00,2.00,4.00}
m	任务结点数目	{16,36,64,100,250,600}
n	处理器数目	{2,4,8}
h_p	处理器异构性	{100,200,random}
d_t	DAG 出边依赖度	{0.25,0.5,0.75}
d_g	DAG 形状系数	{0.5,1,2}

限于篇幅,仅展示算法在部分随机 Benchmark 问题上的运行结果,在其他问题上也表现出大致相同的趋势。从结果图可以看到,GVNS 算法在随机图上也表现出最优的平均性能。而且,随着调度问题规模的扩大,这种性能上的优势也愈加明显,再次验证了 GVNS 算法更适于搜索大规模状态空间的推断。

6.7.4　显著性检验

为了验证各算法在性能上是否存在显著性差异,需要进行一定的统计检验。鉴于比较实验的结果可能不符合正态分布,也不具有方差齐性,传统的有参检验(如 t 分布检验)并不适用,本章采用了一系列用于多种方法比较的参数检验方法[126]。具体说来,Friedman 检验[127]和 Iman-Davenport 检验[128]被用于检查供比较的 5 种调度算法之间是否存在显著性差异。如果显著性差异是存在的,则进一步采用作为事后检验的 Holm 方法[129]验证本章讨论的 GVNS 算法与其他算法的差异显著性水平。

首先,需要计算各种算法性能的平均排名,在此考虑之前两节中所有测试用例的实验结果,结果如表 6.5 所。

(a) 任务结点数=16

(b) 任务结点数=100   (c) 任务结点数=250

图 6.9　随机任务图的实验结果(CCR＝1.0,hp＝random,dt＝0.5,dg＝1.0)

表 6.5　各调度算法的性能平均排名

算法	BEGA	CPGA	AIS	LDCP	HEFT
性能平均排名	1.027 8	2.548 6	3.541 7	3.604 2	4.278

随后,Friedman 检验和 Iman-Davenport 检验用于检查各算法性能相当的零假设是否成立,计算结果如表 6.6 所示。由表可知,两个检验都拒绝了零假设,即各算法性能之间确实存在显著性差异。

表 6.6　Friedman 检验与 Iman-Davenport 检验的计算结果(显著性水平 $\alpha＝0.05$)

检验方法	统计值	p 值	零假设
Friedman	183.87	8.3276E-11	拒绝
Iman-Davenport	125.38	1.6644E-61	拒绝

最后,Holm 方法被用于计算校正后 p 值(adjusted p-values,APVs),以消除多种方法进行比较时引入的偏差,结果如表 6.7 所示。鉴于 Holm 方法拒绝了所有的零假设,可以推定所提出的 GVNS 算法在 0.05 的显著

性水平下优于其他所有供比较的调度算法。

表 6.7　Holm 事后检验方法的计算结果（GVNS 作为被控方法）

i	比较算法	z	p 值	α/i	APV	零假设
4	HEFT	12.333	6.0252E-35	0.0125	2.4101E-34	拒绝
3	LDCP	9.7767	1.4175E-22	0.0167	4.2524E-22	拒绝
2	AIS	9.5395	1.4347E-21	0.025	2.8694E-21	拒绝
1	CPGA	5.7712	7.8729E-9	0.05	7.8729E-9	拒绝

6.7.5　局部搜索有效性分析

为了验证 GVNS 算法引入局部搜索过程的有效性，本章又额外在多个算法配置上做了比较分析实验。除使用包括 LoadBalance 和 CommReduction 两个邻域结构在内的 VNS 局部搜索外，还在分别只用一个邻域结构的简单局部搜索方法，以及完全不用局部搜索的算法配置上重新运行了实验（GA 部分的搜索过程保持不变）。限于篇幅，以下仅展示在 GJ-45 任务图上的实验结果。

图 6.10 所示的箱图展示了 4 种算法配置生成调度解的加速比统计情况。结果显示同时使用两个邻域结构的 GVNS 具备最好的中位数性能（箱图中的框内横线所标示）。

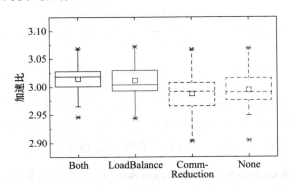

图 6.10　不同算法配置的局部搜索过程的性能比较

另一方面，图 6.11 所示的趋势图刻画了 4 种算法配置的进化过程种群平均性能的变化情况。可以看到，GVNS 算法在收敛速度上也有明显优势。

图 6.11 不同算法配置的局部搜索过程之间的比较

综上所述,GVNS 算法中引入局部搜索不但改善了算法的搜索性能,而且提高了算法的收敛速度,这应该归因于局部搜索与 GA 全局搜索的结合更好地平衡了进化过程中全局探索(Global Exploration)和局部利用(Local Exploitation)这两大趋势。

6.8 本章小结

本章在整合传统的三大类调度算法的基础上,提出了一种基于启发式策略的混合式 GVNS 调度算法。该混合式算法使用加入了 VNS 局部搜索的 GA 演化任务分配方案,并结合启发式策略计算各处理器上任务优先级以确定唯一的调度解,体现了领域专家知识对进化过程的指导。在大量的确定任务图与随机任务图上执行的比较实验表明,所提出的 GVNS 对于更大规模的调度问题拥有更加优化的搜索性能。进一步的统计检验证实,GVNS 算法的性能显著地优于其他供比较的最新调度算法。

第7章

上篇总结

7.1 上篇的主要工作总结

针对分类与特征选择两大领域中越来越多地使用到基于进化计算的方法进行问题求解的研究现状,本书上篇致力于在基于遗传的机器学习范式下整合分类器演化与特征子集搜索这两大过程,创新地提出内嵌特征选择的学习分类器算法。为此,本书上篇主要进行了以下几个方面研究工作的探讨[1]。

对当前学习分类器与特征选择方面的相关研究进行了深入调研与分析,系统地分析并总结了两个领域研究现状中亟待解决的主要问题。一方面,对于以进化计算方法为核心进行学习的学习分类器而言,特征选择是其在应用中不容回避的问题,然而当前学界对学习分类器与特征选择的整合研究缺乏关注,尚未有相关研究见诸报道。另一方面,在特征选择问题上,传统的 Wrapper 方法和 Filter 方法各具擅长,前者偏重算法性能,后者注重计算效率,针对这两者的整合研究也是近年来的研究热点。

针对特征选择领域多种方法整合的研究热点,本书结合进化计算领域流行的 Memetic 算法设计框架,提出了一种综合了 Wrapper 方法和 Filter 方法的混合式特征选择方法。在该混合式方法中,Filter 方法中使用的相关性度量被用于计算特征排名,继而在原先基于进化计算的 Wrapper 方法中加入有该特征排名信息指导的局部搜索过程,局部搜索产生的优化解将合并到子代种群参与下一轮迭代。实验结果表明,相较于纯粹的 Wrapper 方法或是 Filter 方法,混合式方法可以改善特征选择的搜索性能。

面对学习分类器在求解实际问题时对于特征选择的应用需求,在进化计算领域协同进化思想的启发下,本书创新地在合作式协同进化算法的设计框架下同时整合学习分类器的分类器演化过程与之前提及的混合式特征选择方法中的特征子集搜索过程,提出了一种内嵌特征选择的学习分类器算法。实验结果表明,相较于原先的学习分类器,集成特征选择过程后的算法同时在分类性能与计算效率两个方面都有所提升。

结合多种经典的分类算法,在 UCI 的分类问题 Benchmark 数据集上进行了范围广泛的比较性实验与分析,进一步验证了本书上篇提出的内嵌特征选择的学习分类器算法的有效性。

作为演化计算工作的一项扩展性内容,本书上篇还深入讨论了有关多处理器系统静态任务调度问题的研究工作。在这部分工作中,基于对现有调度研究中几种主流方法优缺点的细致分析,提出了一种基于启发式策略的混合式 GVNS 任务调度算法。作为演化计算中搜索策略的探讨,该算法使用结合 VNS 局部搜索的 GA 搜索任务分配方案的状态空间,继而使用启发式策略计算任务的优先级以确定唯一的调度解,比较实验的结果表明在进化过程中引入包含领域先验知识的局部搜索与启发式策略确实能改善搜索性能并加速算法收敛。

7.2　未来研究工作展望

在机器学习中引入协同进化思想是近年来新兴的一个研究热点,鉴于笔者学识及研究精力之有限,本书所涉及的只是问题的一小部分,结合已有工作中的一些体会,笔者认为在后续研究中可以从以下几个方面完善当前工作。

首先,作为进化计算方法的一员,协同进化算法仍然面临着算法参数选择的问题,如何降低算法性能对参数设置的敏感性依赖以至实现参数的自适应调整,是今后研究中值得关注的问题。

其次,整合特征选择后的学习分类器虽然在计算效率上取得一定程度的提升,但是,笔者认为在降低算法运行开销方面仍然存在空间,可以考虑与机器学习领域其他热门方法相结合,诸如集成学习(Ensemble Learning),进一步改进算法在处理大规模问题中的实用性。

最后,本书重点研究的是 Pittsburgh 式学习分类器,其学习过程基于完整的训练样本集,即所谓的批量学习(Batch Learning)。为了满足现实中在线学习场景的应用需求,可以考虑在算法中加入增量学习(Incremental Learning)的思想,使用实时到达的新样本动态地调整分类器结构,以至扩展更为复杂的迁移学习(Transfer Learning)能力。

在多处理器任务调度方面,专家知识指导进化过程取得了很好的成效,在后续研究中可以进一步考虑在局部搜索过程中扩展更多的基于领域先验知识的邻域结构,以及实现参数的自适应调整以提高算法的可用性。

下篇

演化机器学习

——分布估计的学习分类器

第 8 章

下 篇 引 言

8.1 研 究 背 景

人类社会发展的不竭动力源于人类自身对客观世界的认识和学习。通过学习总结规律并付诸实践活动,在实践中结合新环境、新问题进行再认识、再学习,如此往复便构筑成人类社会前行的轨迹。随着科技的进步,尤其是信息技术的飞速发展,人类在享受着获取数据方式多元化所带来的便捷同时,也饱受着"数据泛滥但信息匮乏"的尴尬。面对鱼龙混杂的数据和信息,人类的学习能力正在面临着前所未有的挑战。因此,将人类特有的学习能力赋予机器,使之帮助人们更好地完成学习任务并解决新的问题,在信息泥沙俱下的当下具有十分重要的现实意义。

正是基于上述考虑,机器学习(Machine Leaning,ML)[4]作为人工智能(Artifificial Intelligence,AI)[130]领域的中心课题之一,一直备受学术界和工业界的高度关注。根据 Mitchell 在其著作 *Machine Learning* 中的定义①,机器学习的研究对象是可以通过学习经验知识来提高其完成某项任务性能的计算机算法。作为实现人工智能的一种重要途径,机器学习的兴起和发展使得计算机处理复杂信息的能力越来越强,从而被广泛应

---

① Machine learning is the study of computer algorithms that improve automatically through experience.

用于众多的领域,并在解决实际问题中扮演着越来越重要的角色。

根据所解决问题的抽象类型,机器学习大体可分为监督学习(Supervised Learning)、无监督学习(Unsupervised Learning)和强化学习(Reinforcement Learning)三类[3]。其中的监督学习是指根据已知的包含输入(特征)/输出(标签)的训练数据集合,获得从输入到输出的映射关系,并将映射关系作用于未知数据的输入,从而预测其输出。根据输出数据的不同类型,监督学习包括面向连续型数据的回归问题(Regression)和面向离散型数据的分类问题(Classifification)两种。

对于分类问题,目前研究人员已经提出了许多方法,包括朴素贝叶斯分类器(Naive Bayes,NB)、决策树(Decision Tree)、人工神经网络(Artifificial Neural Network)、K 近邻算法(K-Nearest Neighbor,KNN)、支持向量机(Support Vector Machine,SVM)、深度学习(Deep Learning,DL)等。在解决分类问题的诸多方法中,基于规则归纳的方法(Rule Induction)由于利用显式的规则表达目标概念,使得其知识表示和运用过程符合人类认知规律和解决问题的习惯,从而更易于人类理解,因此一直是研究人员关注的焦点。尤其是在对预测结果本身关注的同时,更希望对预测结果进行充分与合理的解释,进而了解其中内在规律的领域,如医疗、制药等领域,基于规则归纳的方法有着其他分类方法不可替代的优势。

在基于规则归纳的方法中,一种名为学习分类器(Learning Classififier System,LCS)[81,131-133]的机器学习方法正在引起研究者越来越多的注意。概括地说,学习分类器以规则形式表达目标概念,采用遗传算法[134,135]等进化计算方法[136]对规则空间进行搜索,以期寻找到表达目标概念的最优规则,从而完成学习任务。因此,学习分类器也属于更广泛意义的基于遗传的机器学习方法(Genetic-Based Machine Learning,GBML)[137]的一种。其与相关研究领域的关系如图8.1所示。最早的学习分类器由 Holland 于文献[20]提出。该模型使用强化学习的相关理论用于对人类的感知行为进行建模。而在目前,学习分类器主要致力于解决分类问题,并已广泛应用于蛋白质结构分析[138]、医学诊断[139]、网络入侵检测[140]、金融数据分析[141]等诸多领域。相关研究表明,与其他方法相比,学习分类器在解决分类问题时能够表现出很强的竞争力[9]。

图 8.1　学习分类器与相关研究领域关系图

在学习分类器的发展过程中，逐渐形成了两大流派：Michigan 式和 Pittsburgh 式。前者沿用了 Holland 在文献[20]中所提出的模型，主要面向动态环境的感知和自适应问题，逐步发展成为包含遗传算法、强化学习以及反馈决策等单元在内的复杂决策系统。后者则从遗传算法本身出发，将衡量学习性能的指标视为待优化的目标函数，进而将机器学习问题转化为优化问题进行求解。目前，对 Michigan 式学习分类器的研究已较为充分，并取得了较为丰硕的研究成果。相比之下，对 Pittsburgh 式学习分类器的研究则远远落后于前者。因此本书将选择 Pittsburgh 式学习分类器作为研究的对象，进行深入探讨与介绍。

8.2　研究动机

Pittsburgh 式学习分类器利用遗传算法对规则空间进行搜索，以期寻找能够表达目标概念的最优规则。因此，遗传算法的搜索质量是决定学习分类器性能优劣的关键因素。根据模式定理[134]和建筑块（Building Block）假设[135]，遗传算法利用交叉、变异等遗传算子将低阶建筑块重组为高阶建筑块，从而寻找到全局最优解。但是，由于交叉、变异等遗传算子的作用过程与目标问题的结构无关，因此当遗传算法求解复杂问题时，特别是当问题所涉及的变量间存在较为紧密的链接关系时，交叉、变异等遗传算子无法保证建筑块的有效重组，从而严重影响了遗传算法的搜索质量。在一些极端的情况下,如欺骗问题[135],遗传算法甚至无法收敛至全局最优。因此,以更为有效的方法重组建筑块,从而提高规则空间的搜索效率,成为提高学习分类器性能的关键。

近年来,一类名为分布估计算法(Estimation of Distribution Algorithms, EDAs)[142-144]的优化方法迅速兴起并成为当前进化计算研究领域中备受关注的热点之一。与遗传算法利用交叉、变异等遗传算子产生子代的过程不同,该类方法通过建立旨在表征优势种群概率分布的模型,并对模型随机采样产生新的个体。由于建模和采样的过程需要对目标问题的结构进行学习,因此分布计算法本质上采用了与目标问题结构相关的操作重组建筑块,从而能够改变遗传算法受掣于与目标问题结构无关的遗传算子的局面。

贝叶斯优化算法(Bayesian Optimization Algorithm,BOA)[145,146]作为当前最为流行的多变量分布估计算法之一,利用贝叶斯网络对优势种群的分布建立概率模型,有力推动了分布估计算法的理论发展[147]。但是,为了尽量减少求解目标问题所需要的种群规模,贝叶斯优化算法在学习贝叶斯网络的过程中需要对网络复杂度加以额外限制[148,149]。相关研究表明,对于不同类型的问题,贝叶斯优化算法需要设置不同的网络复杂度上限以使性能达到最优[150]。然而,使其性能最优的网络复杂度上限作为与目标问题相关的知识,在求解优化问题之前无法得到,这严重影响了贝叶斯优化算法的实用性。

综上所述,建立更为合理的网络复杂度控制机制以增强贝叶斯优化算法的实用性,并将此分布估计算法运用到学习分类器当中,无疑能够有效地提高规则空间的搜索效率。对于分类问题,此分布估计算法在求解目标问题过程中所建立的旨在描述特征间关系的贝叶斯网络,为删除冗余特征,继而进一步提高学习分类器的性能提供了新的参考和依据。

8.3　下篇的主要工作

鉴于上述的分析,为了提高贝叶斯优化算法的实用性,并在此基础上提高学习分类器处理分类问题时的整体性能,本书下篇部分将从以下4个方面开展具体的内容介绍。

第一,介绍了基于L1正则化贝叶斯网络的分布估计算法(L1BOA)。

该算法针对 BOA 在贝叶斯网络学习过程中需要对网络复杂度加以额外限制的现状,将贝叶斯网络结构的学习问题转化为参数估计问题,利用 L1 正则化的稀疏性建立候选链接,并在候选链接范围内确定最终的网络结构,从而根据目标问题的特点合理控制网络复杂度。通过对变量间链接程度不同的若干加性可分解问题进行实验,结果表明:L1BOA 达到或超过了对网络复杂度实施最优额外控制时 BOA 的性能,在迭代过程中,L1BOA 学习到的贝叶斯网络更为准确地反映了目标问题中变量间的链接关系。

第二,介绍了基于分布估计算法的分类器进化算法(pLCS_L1BOA)。面向二分类问题,该算法根据 Pittsburgh 式学习分类器中知识表示的层级特点,将分类器进化划分为规则和规则集两个层次,并利用 L1BOA 实现规则层次的进化,而规则集的进化过程保留已建立的规则结构。通过对构造的和实际的二分类问题进行实验,结果表明:相比于现有的 Pittsburgh 式学习分类器,pLCS_L1BOA 算法能够以更少的训练开销获得更高的分类准确率,其分类准确率亦优于其他经典分类算法。

第三,介绍了面向学习分类器的嵌入式特征选择算法。该算法在 pLCS_L1BOA 的基础上,根据规则统计信息计算各个特征的冗余度,并利用规则进化过程中 L1BOA 学习到的贝叶斯网络考察特征间的关联关系,在分类器训练的过程中逐步删除冗余特征。通过对包含冗余特征的构造问题的和实际的二分类问题进行实验,结果表明:整合了嵌入式特征选择算法的 pLCS_L1BOA(称为 pLCS_L1BOA_FR)较原有的 pLCS_L1BOA,分类准确率更高,训练开销更少,较其他的特征选择方法,在所选特征规模相同情况下,嵌入式特征选择算法能够使 pLCS_L1BOA 获得更高的分类准确率。

第四,介绍了基于进化纠错输出编码的多分类算法。针对多分类问题,该算法利用 L1BOA 并结合目标问题的自身特点,设计将多分类问题转化为若干二分类问题的纠错输出编码,并利用 pLCS_L1BOA、pLCS_L1BOA_FR 求解各二分类问题,从而完成多分类任务。通过对实际的多分类问题进行实验,结果表明:该算法的分类准确率优于现有的 Pittsburgh 式学习分类器及其他经典分类算法。

上述四部分研究工作的关系如图 8.2 所示。其中,矩形表示本书所开展的研究工作,椭圆形表示研究工作所涉及的主要方法和技术。

图 8.2　本书下篇各部分工作关系图

8.4　下篇的结构安排

本书下篇各后续章节的内容安排如下：

第 9 章简要介绍分布估计算法和相关的学习分类器的发展历程及其相关研究进展。

第 10 章介绍基于 L1 正则化贝叶斯网络的分布估计算法。在阐述该算法的基本思想和主要步骤后，对该算法和贝叶斯优化算法的优化性能以及优化过程中两种算法所建立的概率模型进行比较，以验证该算法的有效性。

第 11 章研究基于分布估计算法的分类器进化算法。在介绍算法的基本框架后，将描述算法所采用的知识表示方法、规则层次和规则集层次的进化过程以及两个层次的整合方法。最后，以现有的学习分类器和其他经典分类算法为比较对象，对所提出的算法进行评价。

第 12 章介绍面向学习分类器的嵌入式特征选择算法。首先阐述算法的总体框架，随后详细介绍算法的各主要步骤，最后通过构造问题和实际问题两类测试数据，对所提出算法的多方面性能进行评价。

第 13 章对基于进化纠错输出编码的多类分类算法进行讨论。在描述纠错输出编码方法的基本思想后，详细介绍如何利用第 13 章所提出的算法并根据目标问题的特点设计纠错输出编码，同时介绍根据纠错输出编码并结合已知二分类器预测性能的解码策略，最后利用实际问题评价所提出算法的性能。

第 14 章对本书的下篇内容进行总结,并展望未来有待进一步研究的若干问题。

第 9 章
分布估计算法和学习分类器

9.1 概　　述

本章将对本书下篇所涉及的两方面研究要点——分布估计算法和学习分类器,分别进行简要的介绍。由于这两方面的研究都源于进化计算领域的遗传算法,因此本章将首先简要介绍一下进化计算的基本概念以及遗传算法的相关知识。

9.2 进化计算简介

进化计算(Evolutioanry Computation,EC)[①]作为人工智能领域中的重要分支之一,指的是将生物界中物种进化的自然选择法则和现代遗传学的基本原理引入计算技术领域所形成的一类用于求解复杂优化问题的启发式随机搜索方法[136]。与其他方法相比,该类方法具有以下三项显著特点[151]:

(1) 对于目标问题,基于种群(Popuation-Based)的进化计算方法需要维护由多个可行解组成的种群(Population)。种群将作为求解目标问题的基本载体。

(2) 面向适应度(Fitness-Oriented)种群的每个可行解称为个体

---

① 进化计算又被称为进化(演化)算法(Evolutioanry Algorithms,EAs)。

（Individual）。每个个体都通过所谓的适应度（Fitness）表征其所代表可行解性能的优劣。在求解目标问题的过程中，根据自然选择法则，适应度高的个体将被保留，反之将被淘汰。

（3）变化驱动（Variation-Driven）在求解的过程中，通过旨在模仿基因遗传过程的交叉（Crossover）、变异（Mutation）等算子来改变个体，从而实现对问题空间的搜索。

进化计算的相关研究最早出现在 20 世纪 60 年代。经典的进化计算方法包括[12]：遗传算法（Genetic Algorithms，GA）[134,135]、遗传编程（Genetic Programming，GP）[18]、进化策略（Evolution Strategy，ES）[152]、进化编程（Evolutionary Programming，EP）[153]等。20 世纪 90 年代，又先后出现粒子群算法（Particle Swarm Optimization，PSO）[154]、蚁群算法（Ant Colony Optimization，ACO）[155]、人工免疫算法（Artificial Immune System，AIS）[156]差分进化算法（Difffferential Evolution，DE）[157]等新的方法，进一步推动了进化计算领域的研究。

9.3　遗传算法

在上述关于进化计算的众多方法中，遗传算法[134,135]因其广泛且成功的应用成为进化计算领域中最为典型的代表方法。遗传算法通过代表基因遗传作用的交叉和变异等遗传算子在原有种群的基础上产生新的可行解，并通过选择、替换等操作实现种群适应度的整体提高。假设目标问题为 $f(x) = \sum x_i$，遗传算法的本迭代过程如图 9.1 所示。

图 9.1　遗传算法基本流程

  自遗传算法诞生伊始,相关研究者就开始分析其内在的运行机制并试图建立解释算法有效性的基础理论。这其中以模式定理(Schema Theorem)[134] 和建筑块假设(Building Blocks Hypothesis)[158] 最具影响力。

  模式定理建立在对模式(Schema)的定义之上。所谓模式,指的是编码中某些位置具有相同结构的个体集合。不失一般性,假设个体 α 编码为长度 l 的二进制串,即 $\alpha \in \{0,1\}^l$。$*$ 表示二进制编码中 0 和 1 的通配符,那么模式 $h \in \{0,1,*\}^l$。当 h 中的通配符被具体的字符代替从而与某个体编码匹配时,该编码称为模式 h 的一个实例。例如,个体 00001 和 00101 是模式 00 $*$ 01 的实例。

  对模式 $h=(h_1,h_2,\cdots,h_l)$,其所含有确定字符的数目称为模式的阶(Order),记作

$$o(h)=|\{\forall i \in \{1,2,\cdots,l\},h_i \neq *\}| \qquad (9.1)$$

例如,对于模式 $h=11**0,o(h)=3$。h 中第一个非通配符与最后一个非通配符之间的距离称为模式的定义长度(Defifining Length),记作

$$\delta(h)=\max(|i-j|,\forall i,j \in \{1,2,\cdots,l\},h_i \neq * \wedge h_j \neq *) \qquad (9.2)$$

例如,对于模式 $h=11**0,\delta(h)=4$。

  在对模式的阶与定义长度进行定义的基础上,模式定理描述了利用单点交叉、单点变异和基于适应度比例的选择方法,在已知交叉和变异执行的概率(假设分别为 P_c 和 P_m)时,模式 h 实例出现的频率

$$E(m(h,t+1)) \geqslant m(h,t) \cdot \frac{f(h)}{\bar{f}} \cdot \left[1-Pc \cdot \frac{\delta(h)}{l-1}\right] \cdot \left[1-P_m\right]^{o(h)}$$

$$(9.3)$$

其中,$m(h,t)$ 表示 t 时刻模式 h 的实例在群体中出现的数目,$E(m(h,t+1))$ 表示 $m(h,t+1)$ 的期望,$f(h)$ 表示模式 h 在种群中实例的平均适应度,$\bar{f}$ 表示种群的平均适应度,l 表示编码长度。在式(9.3)中,选择方法的效果表示为 $f(h)/\bar{f}$,意味着超过平均适应度模式的实例数目将在下一时刻的种群中增加;交叉算子的效应为 $\left[1-Pc \cdot \frac{\delta(h)}{l-1}\right]$,它表征了模式 h 在交叉算子下的生存概率;而变异算子效应为 $\left[1-P_m\right]^{o(h)}$,它表征了模式 h 在变异算子下的生存概率。

  模式定理表明[134],如果 t 时刻种群中属于模式 h 个体适应度的均值大于种群的平均适应度,那么 $t+1$ 时刻种群中属于模式 h 的个体数目将呈指数级别增长。换句话说,适应度高于种群平均适应度、短定义长度且低阶的模式出现的频率将随着迭代的进行成指数级增加。而在此基础上

发展而来的建筑块假设[158]表明:遗传算法对于问题空间的搜索体现在利用建筑块对问题空间的采样过程中,识别并重组低级别的建筑块使得遗传算法向着高于平均适应度的空间区域进行搜索。其中的建筑块指的是低阶、短定义长度的模式。因此,低阶、短定义长度、高适应度的模式在遗传算法的作用下将形成高阶、长定义长度、更高适应度的模式[135]。

由建筑块假设不难看出,遗传算法求解目标问题的过程实质上是对建筑块的处理过程。只有有效地识别并重组建筑块,才能确保其顺利地求解目标问题。而遗传算法中,建筑块的识别和重组通过与目标问题无关的交叉、变异等遗传算子实现,因此其求解的效率不能被保证。甚至在一些更为糟糕的情况下,遗传算子在识别并重组建筑块的过程中将遗传算法的搜索过程导向至缺乏全局竞争性的建筑块集合,从而影响最终的寻优结果。这就所谓的欺骗问题(Deception)[135]。事实上,这样的问题并非只是理论上的假设,文献[159]中所设计的 trap 问题就是欺骗问题的典型例子。为进一步分析并解决该问题,文献[160,161]对比了不同类型的交叉算子求解目标问题所需的最少种群规模。结果表明,当根据已知的问题结构调整交叉算子使其所有交叉点全部出现在不破坏有效建筑块的位置上时,遗传算法能够高效地收敛至全局最优值。由此可见,替换交叉算子,设计与目标问题相关的建筑块识别和重组策略成为遗传算法有效求解目标问题的关键。

9.4 分布估计算法

为了有效地识别并重组建筑块,需要在考察目标问题各个变量相互作用的基础上,明确变量与建筑块之间的从属关系。在进化计算领域中,这种变量间的相互作用关系被称为链接关系(Linkage)。根据 9.3 节的介绍,从目标问题的宏观结构出发,利用优势种群的统计信息探求变量间的链接关系,并在此基础上有效地识别和重组建筑块,成为改进遗传算法的可行方案。

基于上述考虑,一类新的优化方法——分布估计算法(Estimation of Distribution Algorithm,EDA)[142,144]逐渐成为进化计算领域关注的热点。该方法的核心思想是根据已知的优势种群估计其在整个问题空间内的分布,并利用得到的分布情况产生新个体。换句话说,该方法通过建立旨在描述优势种群分布情况的概率模型,进而通过对模型采样的方法获得新的个体。因此分布估计算法又被称为基于概率建模的遗传算法（Probabilistic Model-Building Genetic Algorithm，PMBGA）[143]。

9.4.1　分布估计算法的基本流程

假设目标问题仍然为 $f(\boldsymbol{x})=\sum x_i$，分布估计算法的基本流程如图 9.2 所示。每轮迭代中，在优选个体从上一代群体产生之后，分布估计算法将建立概率模型以刻画这些优选个体的分布情况，并通过对所建立的模型随机采样的方法产生新的个体。随后，再通过某种形式的替换操作，将新个体与已有种群合并。上述过程重复进行，直至终止条件被满足。

图 9.2　分布估计算法基本流程

从上述的介绍可以看出，分布估计算法与传统遗传算法的最大区别在于新个体产生的方法上。与传统遗传算法利用交叉、变异等与目标问题无关的启发式算子产生新个体的过程不同，分布估计算法通过建模和采样两个步骤产生新个体。因此，分布估计算法对问题空间的搜索过程，实际上是从各种可行解均匀分布的模型出发，不断逼近并最终达到能够表征所有全局最优解分布的模型的过程。这一过程的动力源于对目标问题结构的学习。由于采用与目标问题结构相关的策略产生新个体，分布估计算法能够更为有效地识别和重组建筑块。因此，其在许多问题上的搜索质量和效率明显优于传统遗传算法[162]。

9.4.2　分布估计算法分类

由 9.4.1 小节可知，分布估计算法的核心在于建立概率模型以描述优势种群的分布。在其发展的过程中，描述种群分布的模型从简单逐渐变得复杂。根据所采用的模型不同,分布估计算法可以分为以下三类。

早期的分布估计算法被称为单变量分布估计算法(Univariate EDA)。它假设优化问题中的各个变量彼此不相关联,因此仅仅通过独立单变量概率乘积的形式估计优势种群的分布。图 9.2 所示的分布估计算法即采用了这样的模型。虽然所采用的模型简单,但是该类方法奠定了分布估计算法基本思想。单变量分布估计算法包括单变量边际分布估计算法(Univariate Marginal Distribution Algorithm,UMDA)[163]、紧致遗传算法(Compact Genetic Algorithm,CGA)[164]、基于群体的增量学习法(Population-Based Incremental Learning,PBIL)[165]等。需要指出的是,使用简单的模型使得该类方法的建模效率很高,但是当优化问题中的各个变量间存在着非线性链接关系,单变量分布估计算法无法有效表述优势种群的分布规律,因此其适用范围十分有限。

在单变量分布估计算法基础上,相关研究者采用能够表征两变量联合分布的链式和树形结构建立概率模型,以期在采样生成的新个体中,两两变量对的取值与期望的统计依赖关系一致。这一类算法包括 MIMIC 算法(Mutual Information Maximization for Input Clustering)[166]和 BMDA 算法(Bivariate Marginal Distribution Algorithm)[167]等。虽然成对的依赖关系依然不足以解决具有二阶以上子结构的优化问题[168],但是由于该类算法实质性地引入变量关系分析,从而有力推动了分布估计算法的发展。

进一步地,通过使用更具一般性意义的依赖关系模型以及更为高级的概率图模型[169]表达多个变量间的联合分布,诸多多变量分布估计算法(Multivariate EDA)开始涌现。其中包括,因子分解分布算法(Factorized Distribution Algorithm,FDA)[170]、扩展的紧致遗传算法(Extended Compact Genetic Algorithm,ECGA)[171]、贝叶斯网络估计算法(Estimation of Bayesian Network Algorithm,EBNA)[172]、贝叶斯优化算法(Bayesian Optimization Al-gorithm,BOA)[145,146,149]等算法。这些方法的提出,不仅标志着分布估计算法研究的成熟,还因为其中借鉴了信息论以及机器学习领域最新的研究结果,使分布估计算法成为连接进化计算领域和机器学习领域的桥梁和纽带,从而为进化计算领域发展指明了新的方向。

9.5 学习分类器

学习分类器(Learning Classifier System,LCS),以显式的规则表示目

标概念,在监督学习(Supervised Learning)[3]或强化学习(Reinforcement Learning)[173]机制的基础上,利用遗传算法对规则空间进行搜索,从而完成学习任务。所以,学习分类器也属于更广泛意义的基于遗传的机器学习方法(Genetic-Based Machine Learning,GBML)[137]的一种。学习分类器的概念最早由 Holland 于文献[20]中提出。其设计的初衷是通过自适应机制对感知行为进行建模。因此当时的学习分类器又被称为感知系统(Cognitive System)。从构成上讲,学习分类器包括规则种群、评价单元和发现单元 3 个组成部分[138]。其主要作用如表 9.1 所示。

表 9.1　学习分类器各组成部分功能说明

组成部分	功　　能
规则种群	对待解决问题中的目标概念进行表示。 每条规则采用"条件-动作"的形式代表全体可行解的某个子集。 其中,条件部分界定该规则在问题空间内的适用范围,动作部分表示在适用范围内该规则的决策行为。
评价单元	根据接收到的外部反馈信息,定量地判断各个规则性能的优劣。
发现单元	在分析现有规则性能的基础上,利用遗传算法产生新的、性能更好的规则,从而实现在问题空间上的搜索。

　　根据发展过程中所形成的不同流派,学习分类器分为 Michigan 式和 Pittsburgh 式两种类型。在这两种类型中,上述各组成部分的具体实现有着较为明显的区别。

9.5.1　Michigan 式学习分类器

　　最早的 Michigan 式学习分类器是由 Michigan 大学的 Holland 等人于 1978 年提出的 CS-1 系统[20]。在此基础上,研究者从规则评价、知识表示等角度对 CS-1 系统进行扩展和改进,形成了许多的方法,并已广泛应用于强化学习[175,176]、监督学习[177,178]、无监督学习[179]、函数逼近[180]等诸多领域。这其中,以 Wilson 于 1995 年提出的 XCS(eXtended Classifier System)[27]系统的影响最为深远。而在解决分类问题时,与其他机器学习方法相比,XCS 的改进系统 UCS(sUpervised Classifier System)[181]则取得了具有竞争力的实验结果。Michigan 式学习分类器的基本结构如图 9.3 所示,其主要特点包括:

　　(1) 规则作为单独的个体存在,每个规则仅覆盖目标概念的一部分。所有规则组合在一起形成了待求解问题的可行解。这意味着,Michigan

式学习分类器以最终获得的规则全体实现对目标问题的求解。因此,个体之间存在着相互协同的关系。

图 9.3 Michigan 式学习分类器结构图

(2)采用基于小生境(Niche)技术的稳态遗传算法(Steady State GAs)[158]实现规则的进化。因此,每轮迭代所产生的新规则仅仅是遗传算法作用于规则群体中某一子集的结果。这意味着,作为个体的规则之间也存在着竞争关系。

(3)评价单元根据外部环境的反馈信息,利用强化学习中的信用分配(Credit Assignment)策略计算前一步动作中所涉及的各规则的适应度。

(4)一般用以解决交互式的在线学习问题及复杂的多步骤问题。

9.5.2 Pittsburgh 式学习分类器

在 Michigan 式学习分类器发展的同时,其他的一些研究者从另外的角度出发,将遗传算法以更为简洁的形式扩展并应用于机器学习领域,从而形成了所谓的 Pittsburgh 式学习分类器。最早的 Pittsburgh 式学习分类器是 Pittsburgh 大学的 Smith 在其博士论文中提出的 LS-1[182]系统。在此基础上,研究者将 Pittsburgh 式学习分类器应用于监督学习领域中,提出了 GABIL[32]和 GIL[33]等系统,并取得了良好的结果。近些年来,Bacardit 在其博士论文中提出的 GAssist[183]系统,在原有 Pittsburgh 式学习分类器基础上添加了默认规则、自适应离散化方法以及膨胀(Bloat)控制策略,成为当前最具代表性的 Pittsburgh 式学习分类器。相比之下,Pittsburgh 式学习分类器的研究进展要逊于 Michigan 式学习分类器。

与 Michigan 式学习分类器相比，Pittsburgh 式学习分类器的基本结构如图 9.4 所示，其主要特点包括：

（1）群体中的每个个体组织为包含若干规则的规则集合（如图 9.4 左侧的方框所示），进而代表目标问题的一个完整可行解。当求解过程结束时，群体性能最优的某个规则集合将作为目标问题的解。

（2）在每轮迭代过程中，遗传算法将作用于所有的分类器，从而实现群体的整体进化。因此，作为个体的规则集合之间仅仅存在着竞争关系。

（3）评价单元直接根据外部环境的输入信息，从预测水平的角度计算群体中所有分类器的适应度。

（4）一般用以解决离线学习问题，更适合解决分类问题。

图 9.4　Pittsburgh 式学习分类器结构图

根据上述的介绍，两种类型的学习分类器具体实现机制上存在许多不同之处（如表 9.2 所示）。因此，关于两者优劣的比较研究，从学习分类器诞生伊始就没有中断过。而目前学术界依然没有形成令人信服的结论。事实上，由于两种类型各有所长，所以它们在解决不同类型的问题时表现出不同的优势。

表 9.2　Michigan 和 Pittsburgh 式学习分类器的主要区别

	Michigan 式	Pittsburgh 式
分类器结构	每个分类器为一条规则	每个分类器为一组规则
分类器间关系	合作与竞争并存	竞争
分类器评价	基于强化学习的信用分配策略	基于预测准确率
遗传算法的使用	稳态遗传算法	一般意义的遗传算法
最终结果	整个分类器群体	性能最优的分类器
适用问题	在线问题	离线问题

一方面,Pittsburgh 式学习分类器将规则发现单元与规则评价单元显著地区分开,使得更易于分析规则之间的相互作用,从而在处理实际问题时能够有针对性地对系统进行调整;而在 Michigan 式学习分类器中,信用分配策略增加了规则发现单元和评价单元间的耦合性,因此难以界定规则之间相互影响的关系,不利于系统的改进。另一方面,Pittsburgh 式学习分类器的个体需要完整地表示目标问题的可行解,因此其知识表示的方法相对有限;而 Michigan 式学习分类器中的个体组织为覆盖部分目标问题的单独规则,因此其知识表示的方式更多样,规则间的重组也更灵活。

为了比较两类学习分类器在分类问题上的性能差别,相关研究者已经进行了实验性的分析。文献[184]分别以 XCS 和 GAssist 为代表对两类学习分类器进行比较,结果表明:对于所采用的实验数据,尽管二者得到的分类器结构不同,但是其预测性能并没有显著的差异。一方面,GAssist 更易于忽略目标问题中无效的复杂性,而 XCS 则倾向于出现过拟合的现象。另一方面,在处理具有较大规模搜索空间的多类问题时,GAssist 的性能略逊于 XCS。另外,文献[9]通过实验对 UCS、GAssist 及其他 4 种学习分类器进行比较发现,尽管 UCS 和 GAssist 的预测性能没有统计意义上的差别,但后者获得分类器中所包含的规则数少于前者,表明前者具有更强的泛化能力。总的看来,Pittsburgh 式学习分类器结构较简单,其中所要设置的参数也远少于结构复杂的 Michigan 式学习分类器。因此 Pittsburgh 式学习分类器更易于实现,实用性更强。

第 10 章
基于 L1 正则化贝叶斯网络的分布估计算法

10.1 概　　述

　　作为当前最流行的多变量分布估计算法之一,贝叶斯优化算法
(Bayesian Optimization Algorithm,BOA)利用贝叶斯网络描述目标问题
中各变量间的链接关系来有效地寻找并重组建筑块。因此,每轮迭代所
建立的贝叶斯网络结构直接决定了贝叶斯优化算法性能的优劣。参考文
献[185]指出,根据已知的样本数据学习与之最相匹配的贝叶斯网络结构
是一个 NP 问题。而目前学习贝叶斯网络结构的方法主要包括两类:①基
于评分函数和搜索(Score+Search)的方法[186],该类方法首先指定评价贝
叶斯网络结构与已知数据匹配程度的评分函数,再根据评分函数以某种
方式在网络结构空间内寻找最优的网络结构;②基于条件独立性
(Conditional Independence)检验的方法[187],该类方法首先检验变量之间
的条件独立性,进而决定是否在网络中添加相应的链接关系。贝叶斯优
化算法采取了第一种方法,并且选择贝叶斯信息准则(Bayesian
Information Criterion)[188]或者 BD 度量(Bayesian-Dirichlet Metric)[186]作
为评分函数,在网络结构空间内进行贪婪搜索(Greedy Search)[149],以确
定网络结构。一方面,相关研究表明,如果使用贝叶斯信息准则,那么贝
叶斯优化算法每轮迭代所建立的贝叶斯网络结构将过于简单,从而导致
其需要较大规模的种群才能建立起求解目标问题所必需的链接关系[148]。
另一方面,由于样本中可能存在的噪声使得 BD 度量倾向于产生过于复杂
的网络结构,所以需要在该评分函数外引入其他参数控制网络复杂度(一

般表示为节点的最大链接数)[149]。在此种情况下,参考文献[150]指出,BD 度量之外的网络复杂度控制对于贝叶斯优化算法的性能有着至关重要的影响。但作为与目标问题相关的知识,这样的参数在求解实际问题的过程中很难得到。因此建立某种机制,使得算法在学习贝叶斯网络结构的过程中更合理地控制网络复杂度,成为提高贝叶斯优化算法实用性的关键。

鉴于上述分析,本章提出了基于 L1 正则化贝叶斯网络的分布估计算法(L1-regularized Bayesian Optimization Algorithm,L1BOA)。该算法仍然利用贝叶斯网络描述目标问题中变量间的链接关系。但是在根据优势种群学习贝叶斯网络结构的过程中,采取了与贝叶斯优化算法不同的策略。具体地说,L1BOA 在结构学习的过程中,首先将结构学习的问题转化为回归问题,从参数估计的角度建立候选父节点的选择机制;同时,利用 L1 正则化的稀疏性质并结合最小描述长度准则(Minimum Description Length,MDL)[189]为各个节点挑选候选父节点,从而将网络复杂度控制在一定的范围内;最后,在候选父子节点限定的结构空间内进行贪婪搜索以确定最终的网络结构。因此,相比 BOA 在评分函数外利用其他参数控制网络复杂度的策略,L1BOA 能够根据目标问题的特点更合理地控制网络复杂度。本章以不同类型的加性可分解问题(Additively Decomposable Problems,ADP)[146]为对象,对 L1BOA 和 BOA 的性能进行了比较。结果表明:当 BOA 仅根据评分函数学习贝叶斯网络时,L1BOA 的性能优于BOA;而当 BOA 在评分函数之外对网络复杂度进行不同程度地限制时,L1BOA 能够达到甚至超过配置最优网络复杂度上限时的 BOA 性能,同时 L1BOA 所建立的贝叶斯网络能够更为准确地反映变量间的链接关系。

本章后续部分组织如下:10.2 节将介绍基于 L1 正则化贝叶斯网络结构学习的框架和其中的关键步骤;10.3 节将介绍如何整合 L1 正则化贝叶斯网络与分布估计算法;10.4 节将介绍对比实验的设置情况;10.5 节和10.6 节分别比较 L1BOA 和 BOA 的优化性能和所建立的模型;10.7 节对本章工作进行总结。

10.2　L1 正则化贝叶斯网络

本章所提出的算法与 BOA 的主要区别在于每轮迭代中贝叶斯网络结构学习方法的不同。本章采用了基于 L1 正则化的方法学习贝叶斯网

络结构。具体地说,对于一个空网络,该方法包括以下两个步骤(如图 10.1 所示):

(1) 对网络中的每个节点施加 L1 正则化的 Logistic 回归,并根据非零的回归系数为节点挑选候选父节点;

(2) 在候选父子节点所限定的网络空间内中进行贪婪搜索,从而确定最终的网络结构。

以下在具体介绍上述两个步骤之前,本节将首先讨论如何在贝叶斯网络结构学习中引入 L1 正则化机制。

图 10.1　L1 正则化贝叶斯网络结构学习流程图

10.2.1　贝叶斯网络与 L1 正则化

在贝叶斯优化算法中,需要根据优势种群所形成的样本数据 $\mathfrak{D}$ 学习贝叶斯网络。网络中的节点与目标问题中的变量一一对应[①]。其中,$\mathfrak{D}=\{((x_1^k,x_2^k,\cdots,x_i^k,\cdots,x_n^k))\}_{k=1}^N$,$N$ 表示 $\mathfrak{D}$ 的样本数量,n 表示 $\mathfrak{D}$ 中所涉及变量的个数。(在分布估计算法中,由于 $\mathfrak{D}$ 源于优势种群,因此 N 和 n 分别对应于种群规模和目标问题的规模。)学习贝叶斯网络的目标在于寻找到某个网络 $\mathfrak{B}$,使得 $\mathfrak{B}$ 能够与 $\mathfrak{D}$ 尽可能地匹配。如果采用 10.1 节中提到的关于贝叶斯网络结构学习的第一种方法,根据最小描述长度(MDL)[189]准则,需要寻找某个网络结构使 MDL 最小化

$$\mathrm{MDL}(\mathfrak{B}) = \sum_{i=1}^n L(X_i, \Pi_i, \hat{\theta}_i) + \frac{|\hat{\theta}_i|}{2} \log N \qquad (10.1)$$

---

① 因此,在本章中"节点"与"变量"所表达的含义相同。

其中，Π_i 表示节点 X_i 在 $\mathfrak{B}$ 中的父节点，$\hat{\theta}_i$ 表示 X_i 参数 θ_i 的最大似然估计，$|\hat{\theta}_i|$ 表示变量 X_i 的条件概率分布表（Conditional Probability Table, CPT）中自由参数的个数（即 $\hat{\theta}_i$ 中非零元素的个数）。θ_i 的最大似然估计 $\hat{\theta}_i$ 可以通过最小化负对数似然（Negative Log-likelihood）$L(X_i, \Pi_i, \theta_i)$ 得到，其定义为

$$L(X_i, \Pi_i, \theta_i) = -\sum_{k=1}^{N} \log p(x_i^k \mid \pi_i^k, \theta_i) \qquad (10.2)$$

其中，x_i^j 和 π_i^j 分别表示 $\mathfrak{D}$ 的第 j 项样本中变量 X_i 和其父节点 Π_i 的值。对于分类问题，通常使用 Logistic 回归模型[3]进行分析。对于节点 X_i 及其父节点 Π_i，其定义为

$$p(X_i \mid \Pi_i, \theta_i) = \sigma(\tilde{\theta}_i^T \Pi_i + \theta_{i0}) = \frac{1}{1 + \exp[-(\tilde{\theta}_i^T \Pi_i + \theta_{i0})]} \qquad (10.3)$$

其中，参数 θ_i 包括 Logistic 回归模型中的偏移项（Bias）θ_{i0} 和回归系数 $\tilde{\theta}_i = (\theta_{i1}, \theta_{i2}, \cdots)$，$\sigma(a)$ 表示 Logistic Sigmoid 函数，定义为

$$\sigma(a) = \frac{1}{1 + \exp(-a)} \qquad (10.4)$$

为了在计算式（10.2）最小值的同时避免过拟合、减少估计值的方差从而提高模型的可解释性，通常通过添加 L1 正则项构成 L1 正则化 Logistic 回归，其定义为

$$\hat{\theta}_i(\lambda, \Pi_i) = \arg\min_{\theta_i} L(X_i, \Pi_i, \theta_i) + \lambda \|\theta_i\|_1 \qquad (10.5)$$

其中，等号右端第二项为 L1 正则项，而正则化系数（Regularizer）$\lambda > 0$ 用来平衡 L1 正则项和似然度对结果的影响程度。式（10.5）是一个凸优化问题，可利用 L-BFGS 的变形算法[71]对其进行求解。

从上述介绍可知，式（10.3）和式（10.5）通过使用 Logistic 回归，建立了节点 X_i 和其他节点 Π_i 的关系：回归系数中各项 θ_{ij} 的绝对值反映了该项在 Π_i 中所对应变量对 X_i 影响的强弱程度，绝对值越大，影响越强。另外一方面，如果正则系数 λ 充分大，那么回归系数 θ_i 中的大部分项将变成零，从而使得模型稀疏化。在稀疏模型中，回归系数中等于零的各项所对应的变量与目标变量没有任何关系[191]。因此，回归系数中的非零项所对应变量构成的集合 $\hat{\Pi}_i$ 即可视为节点 X_i 在 Π_i 中的候选父节点。根据上述讨论可得

$$\hat{\Pi}_i = \{X_j \mid j \in \psi\} \qquad (10.6)$$

其中，$\psi = \{j \mid \theta_{ij} \neq 0, j \neq 0, j \neq i\}$。

10.2.2　候选链接关系建立

由式(10.5)可知,每个节点的候选父节点所形成的集合 $\hat{\Pi}_i$ 可以视为是正则化系数 λ 的函数。该集合随着正则化系数 λ 在区间 $(0,+\infty)$ 内变化而变化。当正则化系数较大时,回归系数中大多数项变成零,从而选取较少的候选父节点,如图 10.2(a)所示。其中,不同形式的实线反映了正则化系数的变化对于回归系数中各项的影响情况。而图 10.2(b)展示了候选父节点数目以及 MDL 数值随正则化系数变化而变化的情况。在图 10.2 中,垂直的虚线表示当正则化系数小于该虚线所对应的横轴上数值时,回归系数中某项的数值由零变成非零。当发生这一情况时,新的候选父节点将会产生。根据上述讨论,选取某一节点的候选父节点,需要在式(10.5)中对正则化系数 λ 设定一个合理的数值。

(a)　回归系数各项的变化情况　　　　　(b)　候选父节点数目与MDL值的变化情况

图 10.2　L1 正则化 Logistic 回归中,正则化系数 λ 与候选父节点关系图

需要指出的是,对不同节点选取候选父节点时,正则化系数需要根据目标问题分别设定不同的数值。这是因为:①如果正则化系数都相同,那么求解不同类型的问题时,由于变量间的链接关系不同,这样策略不利于算法根据目标问题的特点合理控制网络复杂度;②在一些问题中,变量之间的链接关系会呈现出异构或不平衡的特点(例如,相比于其他变量,少数变量会与更多的变量存在链接关系),如果各个节点的正则化系数保持不变,不可能获得与当前样本数据良好匹配的贝叶斯网络;③即使变量之间的链接关系基本保持同构,但是如果各变量对于目标问题结果的贡献相差较大,那么使用相同的正则化系数所学习到的贝叶斯网络仍然不能准确反映变量间的链接关系。而事实上,如果在求解目标问题的过程中

将正则化系数都设定为相同的值,将产生与 BOA 采用统一数值[145,149]限制节点最大链接数类似的不利结果。

为了确定正则化系数的数值,交叉验证是一种被广泛使用的经典方法。然而,由于需要花费较多的计算开销,该方法亦不可取。通过观察不难发现,回归系数中非零项的个数(即候选父节点的数目)与正则化系数呈现分段常数的关系。其中的变化点意味着回归系数中某项的数值由非零变成零或相反(如图 10.2(b)所示)。因此,可以在正则化系数的变化区间内采用一种 n 步搜索策略[192]。该策略从 $\lambda = \lambda_0$ 开始,其中 λ_0 是使得回归系数中所有项均为零的最小值。因此,当 $\lambda = \lambda_0$ 时,$\tilde{\theta}_i = 0$,候选父节点集合为空。随后,正则化系数的数值按照固定步长 $\Delta\lambda = \lambda_k - \lambda_{k+1} = \lambda_0/n$ 递减。在第 k 步中,根据当前的正则化系数 λ_k 计算 $\hat{\theta}_i$。而 MDL 数值也可以按照式(10.1)得到。在搜索过程中,如果 MDL 的数值小于之前计算的最小值,那么更新候选父节点集合。更新后的集合将包括当前回归系数中所有非零项对应的变量。因此,最终获得的候选父节点集合将使得 MDL 数值最小。

需要指出的是,随着正则化系数在 $(0, +\infty)$ 上变化,式(10.1)的结果只有唯一一个最小值[193]。这是因为:该式等号右端的第一项所代表的负对数似然估计将随着回归系数中非零项的增加而减少,即随着正则化系数的增加而减小;而式(10.1)等号右端的第二项所代表的对于模型复杂度的惩罚效应,将随着回归系数中非零项的增加而增加,即随着正则化系数的增加而增加。两项相加的将随着正则化系数的变化取得唯一一个最小值。所以在 n 步搜索策略中,当在第 $k+1$ 步获得的 MDL 大于第 k 步获得的 MDL 时,可提前结束搜索过程。

10.2.3　剪枝搜索

根据式(10.5)可知,Π_i 同样影响候选父节点的选择。而 Π_i 的构建,则可以根据许多不同的方法。其中的一种方法是爬山策略(Hill Climbing),在节点顺序空间内进行搜索(Order Search),进而寻找到节点的最优序 L[194]。此时,Π_i 将包括 L 中 X_i 之前的所有节点。在此种情况下,每个节点候选父节点的个数等于 L 中 X_i 前序节点的个数。因此,$|\Pi_i| \leqslant n-1$。该方法能够减少 Π_i 的规模,但是在对节点进行排序的过程中却引入了额外的计算开销。同时,Π_i 规模的减少将使得若干节点在挑选候选父节点之前就被排除在候选父节点范围之外,从而可能遗漏真实的

链接关系。因此,设置 $\Pi_i=(X_1,X_2,\cdots,X_{i-1},X_{i+1},\cdots,X_n)$,即每个节点将被视为其他所有节点的回归结果。此时 $|\Pi_i|=n-1$。

在明确各个节点的候选父节点之后,需要根据这些节点间的关系在贝叶斯网络中添加链接。由于采样的有限性,候选父子节点对可能出现非对称的情况。例如,当 X_1 被回归到所有其他节点后,X_2 被选作 X_1 的候选父节点。但当 X_2 被回归到所有其他节点时,X_1 却没有被选作 X_2 的候选父节点(如图 10.3 所示)。针对这样的情况,可以采用所谓的 OR 和 AND 两种策略[195]。在 OR 策略中,如果链接 $X_i \rightarrow X_j$ 和 $X_j \rightarrow X_i$ 中的一个被检测到,那么 X_i 将被视为 X_j 的候选父节点,同时 X_j 也将被视为 X_i 的候选父节点。在 AND 策略中,只有链接 $X_i \rightarrow X_j$ 和 $X_j \rightarrow X_i$ 同时被检测到,X_i 才被视为 X_j 的候选父节点,同时 X_j 也被视为 X_i 的候选父节点。尽管参考文献[195]指出,上述两种策略所产生的网络结构区别不大,但本书采用前者即 OR 策略来决定实际链接的添加。采用该策略是鉴于如下的考虑:本过程旨在删除与目标节点无关的节点,进而寻找可能对目标节点有影响的节点。换言之,本过程的目的是确定候选链接关系,而非实际地添加链接关系。因为在此过程中保留的所有链接,还需要经过后续的搜索过程才能添加到网络中,而此过程中删除的链接无法找回。所以删除真实链接的代价高于保留非真实链接的代价。

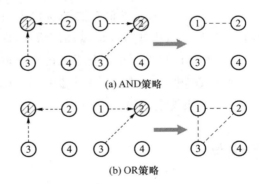

(a) AND策略

(b) OR策略

图 10.3　处理非对称父子节点对的 AND 策略和 OR 策略

在明确链接关系后,每一条链接实际产生了两条有向的关联关系,如图 10.1(c)所示。通过局限于这些节点之间的贪婪搜索策略,将最终确定贝叶斯网络的结构。在此过程中,本章将以 K2 度量[196]作为评分函数,在空网络中逐步添加链接,直至该评分函数不再增加为止。K2 度量是 BD 度量[186]在无先验信息下的一种特例。采用 BD 度量搜索网络结构是因为贝叶斯信息准则经常导致过于简单的网络结构,使得算法需要较大的种群才可以获得准确的模型[148]。需要指出的是,由于 L1 正则化的稀疏性质,候选父节点形成的搜索空间较原始的搜索空间小很多,从而降低了搜索的计算开销。

　　在确定网络结构之后,还需要计算贝叶斯网络中每个节点的概率分布表。由于在分布估计算法中,样本数据源于优势种群,因此每个节点的取值情况是已知的。这意味着,节点的概率分布表可以根据父子节点中对应取值出现的频率计算。综合上述,基于 L1 正则化学习贝叶斯网络的流程如算法 10.1 所示。其中第 5 行表示了 10.2.2 小节中讨论的从 Π_i 中计算 X_i 候选父节点的过程。

10.3　L1 正则化贝叶斯网络与分布估计算法整合

算法 10.1　L1 正则化贝叶斯网络结构学习

Input:样本数据:$\mathfrak{D}=\{X_1,X_2,\cdots,X_n\}$;

Output:贝叶斯网络:$\mathfrak{B}$;

1　初始化不含链接的贝叶斯网络 $\mathfrak{B}$

2　$E=\varnothing$

3　**for** 目标问题的每个变量 X_i **do**

4　　$\Pi_i \leftarrow (X_1,\cdots,X_{i-1},X_{i+1},\cdots,X_n)$

5　　$\hat{\Pi}_i \leftarrow \text{CandParents}(X_i,\Pi_i)$

6　　$E \leftarrow E \cup \{(X_j,X_i)|X_j \in \hat{\Pi}_i\}$

7　　$E \leftarrow E \cup \{(X_i,X_j)|X_j \in \hat{\Pi}_i\}$

8　**end for**

9　**repeat**

10　$e \leftarrow$ 集合 E 中使得评分函数提高最多的链接

11　$E \leftarrow E-\{e\}$

12　将 e 添加到 $\mathfrak{B}$ 中

13　**until** 评分函数不再提高 **or** $E=\varnothing$

14　**for** 目标问题的每个变量 X_i **do**

15　　　根据 $\mathfrak{D}$ 计算概率分布表

16　**end for**

17　**return** $\mathfrak{B}$

算法 10.2　基于 L1 正则化贝叶斯网络的分布估计算法（L1BOA）

1　$t \leftarrow 0$

2　随机初始化种群 P_t

3　计算 P_t 的个体适应度

4　**repeat**

5　　　$S \leftarrow$ 利用截断选择从 P_t 选取优势种群

6　　　$\mathfrak{B} \leftarrow$ 根据 S,利用 L1 正则化学习贝叶斯网络

7　　　$O \leftarrow$ 前向采样 $\mathfrak{B}$ 获得子代种群

8　　　计算 O 的个体适应度

9　　　$P_{t+1} \leftarrow$ 利用精英替换根据 O 更新 P_t

10　　　$t \leftarrow t+1$

11　**until** 收敛 **or** $t > t_{max}$

在每轮迭代中,除通过上述方法对优势种群建立贝叶斯网络外,还需要明确以下步骤。算法首先通过前向采样（Forward Sampling）[169] 方法随机采样贝叶斯网络,进而产生子代种群。在选择策略方面,本算法选取了截断选择策略（Truncation Selection）。这是因为锦标赛选择（Tournament Selection）将会使得贝叶斯优化算法产生过于复杂的模型,而截断选择则有利于获得更为精确的链接信息[197]。在替换策略方面,由于参考文献[197]指出当使用截断选择时,不同的替换方法对贝叶斯优化算法性能的影响不明显,因此本书采用了简单的精英替换（Elitist Replacement）方法。最后,算法的终止条件包括以下两种情况:

（1）算法在规定的迭代次数内收敛到问题的最优值,此时认为算法成功地解决了目标问题;

（2）迭代次数到达规定的上限,但算法却没有收敛到问题的最优值,此时认为算法没有成功地解决目标问题。

综合上述讨论的内容,基于 L1 正则化贝叶斯网络的分布估计算法如算法 10.2 所示。其中的第 6 行所涉及的具体流程,如算法 10.1 所示。

10.4　实 验 设 置

10.4.1　测 试 函 数

本章以加性可分解问题（Additively Decomposable Problems,

ADP)[146]作为实验对象,比较 L1BOA 和 BOA 的性能差异。加性可分解问题的一般形式可表示为

$$f(x) = \sum_{i=1}^{k} g_i(x_{s_i}) \tag{10.7}$$

加性可分解问题的本质在于其函数值 f 可表示为若干子函数 g_i 和的形式。而在每个子函数中,各变量之间存在一定的非线性链接关系。根据第 9 章的介绍,传统的遗传算法中并没有处理变量间链接关系的机制,因此这样的问题被认为是遗传算法难以求解的[198]。而由于在求解过程中建立了变量间的链接关系,分布估计算法能够有效解决该类问题[149]。本章将选取 4 种变量链接关系不同的加性可分解问题,包括 Onemax 函数、Link-10 函数以及两种尺度的 Trap-4 函数,作为评价算法性能的测试函数。上述 4 种测试函数都以二进制串作为输入。

（1）Onemax 函数

$$f_{\text{Onemax}}(x) = \sum_{i=1}^{n} x_i \tag{10.8}$$

其中,x_i 表示长度为 n 的二进制串的第 i 位。对于 Onemax 的函数而言,子函数为各变量自身。因此,子函数内部不包含任何链接关系,输入串的各二进制位相互独立。对于 Onemax 函数,输入串中的"1"越多,函数值越大。当输入串的各二进制位全部为"1"时,函数值等于 n,达到最大。

（2）Link-10 函数

$$f_{\text{Link}_{10}}(x) = \sum_{i=1}^{\frac{n}{10}} \text{Link}_{10}(x_{10i-9}\ x_{10i-8} \cdots x_{10i}) \tag{10.9}$$

其中,

$$\text{Link}_{10}(x_{10i-9}\ x_{10i-8} \cdots x_{10i}) = \sum_{j=1}^{4} t_j + v + w \tag{10.10}$$

$$t_j = \begin{cases} 1, & \text{如果 } x_{10i-2j-1} = x_{10i-2j} \\ 0, & \text{其他} \end{cases} \tag{10.11}$$

$$v = \begin{cases} 1, & \text{如果} x_{10i-1} \neq \text{mod}\left(\sum_{j=1}^{4} x_{10i-j}, 2\right) \\ 0, & \text{其他} \end{cases} \tag{10.12}$$

$$w = \begin{cases} x_{10i}, & \text{如果} \sum_{j=1}^{4} x_{10i-2j-1} = 4 \\ 0, & \text{其他} \end{cases} \tag{10.13}$$

在 Link-10 函数中,每个子函数(如式(10.11)～式(10.13)所示)涉及 10 个布尔型变量。当输入串全部为 1 时,Link-10 函数取到最大值 $0.6n$,n 表示函数输入串的长度。在 Link-10 函数的子函数中,变量间链接关系

的紧密程度不同。具体地说，与其他变量相比较，变量 x_{10i} 和 x_{10i-1} 所涉及的链接关系更多。因此，Link-10 属于 10.2.2 小节中所讨论的具有异构链接关系的函数。

（3）均匀尺度 Trap-4 函数[158,159]

$$f_{\mathrm{uTrap}_4}(x)=\sum_{i=1}^{\frac{n}{4}}\mathrm{Trap}_4(x_{4i-3}x_{4i-2}x_{4i-1}x_{4i}) \qquad (10.14)$$

$$\mathrm{Trap}_4(x_1x_2x_3x_4)=\begin{cases}4, & 如果\sum_{i=1}^{4}x_i=4\\ 3-\sum_{i=1}^{4}x_i, & 其他\end{cases} \qquad (10.15)$$

均匀尺度 Trap-4 函数的最大值为 n（n 表示输入串长度），当且仅当输入串全为"1"时取到。需要指出的是，对于均匀尺度 Trap-4 函数，需要将子函数所涉及的各变量视为一个整体，并建立起彼此之间的链接关系，才能获得函数的最优值[158]。因此，各子函数内部变量间的链接关系较为紧密。另外在该函数中，各个子函数的尺度相同（均为 1）。这意味着，各子函数对函数值的贡献程度相同。在本章后续部分，均匀尺度 Trap-4 将简写为 uTrap-4（Uniformly Scaled Trap-4）。

（4）指数尺度 Trap-4 函数[199]

$$f_{\mathrm{eTrap}_4}(x)=\sum_{i=1}^{\frac{n}{4}}3^i*\mathrm{Trap}_4(x_{4i-3}x_{4i-2}x_{4i-1}x_{4i}) \qquad (10.16)$$

与 uTrap-4 函数类似，指数尺度 Trap-4 的子函数仍然采用了 Trap-4 函数。不同之处在于，该函数中各个子函数的尺度不同。由式（10.16）可以看出，各个子函数对于函数值的贡献程度按照指数尺度随着角标的增加而增加。在本章后续部分，指数尺度 Trap-4 函数将简写为 eTrap-4（Exponentially Scaled Trap-4）。

10.4.2　参数配置

L1BOA 和 BOA 的参数配置情况如表 10.1 所示。其中，截断选择和精英替换的比例均为 50%。这意味着两种算法都将根据当前种群中较优的一半学习贝叶斯网络，之后产生相同规模的种群并替换原种群中适应度较差的一半。此外，根据参考文献[149]，BOA 算法将采用 K2 度量[196]作为评分函数学习贝叶斯网络。在求解的过程中，迭代次数的上限设置为 200。在本章的后续实验中，如果没有特殊说明，实验结果均为 30 次运行结果的平均值。

10.5 优化性能比较

本节将通过两组实验对比本章提出的算法和贝叶斯优化算法。在第一组实验中,贝叶斯优化算法的网络结构学习过程终止当且仅当 K2 度量不再增加为止。在第二组实验中,贝叶斯网络的复杂度被视为网络结构学习过程终止条件的另一项指标。如果贝叶斯网络中的链接数超过了规定的上限,即使 K2 度量仍然增加,结构学习过程也将结束。需要指出的是,在第二类实验中,贝叶斯优化算法将会配置不同的网络复杂度上限,从而研究网络复杂度上限对于贝叶斯优化算法性能的影响。

表 10.1 L1BOA 和 BOA 算法的参数配置情况

步骤	所选策略	相关参数
选择过程	截断选择(Truncation Selection)	$p_s = 0.50$
替换过程	精英替换(Elitist Replacement)	$p_r = 0.50$
终止条件	收敛或迭代次数超过规定值($t > t_{max}$)	$t_{max} = 200$

10.5.1 第一组实验

在本组实验中,各个测试函数的规模(即函数的变量个数)均为 40,种群规模按照指数尺度递增。本组实验选取了适应度和求解成功率两项指标(定义如下所示)比较 L1BOA 和 BOA 的性能差异。

(1)适应度:算法终止时所获得的测试函数的最优值平均值。

(2)求解成功率:成功求解的次数与实验总次数的比值。

实验结果如图 10.4 所示。其中左侧和右侧的 Y 轴分别反映了这两项指标的数值,而 L1BOA 和 BOA 的实验结果分别用实线和虚线表示。

图 10.4 所示的实验结果表明,在求解不同的测试函数时,如果使用同样规模的种群,L1BOA 的适应度始终明显高于 BOA。而在求解成功率方面,除 Onemax 函数外,BOA 均不能确保 100% 成功地求解测试函数。甚至在求解 Link-10 时,BOA 的求解成功率几乎为 0。这意味着,在处理除 Onemax 外的其他 3 种测试函数时,BOA 所建立的贝叶斯网络不能有效地表征变量间的链接关系。因此,如果不对网络复杂度进行额外的控制,BOA 将不能确保寻找到目标函数的全局最优解。而对于 L1BOA 而言,

当种群达到一定规模时,求解的成功率均可以达到 100%。这表明,当 BOA 缺少对网络复杂度的额外控制时,L1BOA 的性能明显优于 BOA。

(a) Onemax

(b) Link-10

(c) uTrap-4

(b) eTrap-4

图 10.4　无额外网络复杂度控制的 BOA 与 L1BOA 性能比较

10.5.2　第二组实验

本组实验中,BOA 在学习贝叶斯网络结构时,将在评分函数外通过其他参数对网络复杂度加以限制。该上限将被表示为每个节点的最大链接数 k。实验将首先统计 100% 成功求解测试函数时所需的最小种群规模(Required Minimum Population Size,RMPS),以及相应的适应度计算次数,并通过这两项指标比较 L1BOA 和 BOA 的性能差异。进一步地,本组实验还将考察 L1BOA 和 BOA 时间和空间复杂度的相互影响关系。由于算法所需的迭代次数和种群规模分别反映了其在时间和空间上的计算开销,因此,本节将分种群规模在 RMPS 基础上逐渐增大时,迭代次数的变化情况。

1. 种群规模比较

本组实验首先选取不同规模的测试函数(见表 10.2),并按照参考文献[149]所介绍的二分查找算法(见参考文献[149]附录 A 算法 A.1)比较 L1BOA 和 BOA 的 RMPS,以及相应的适应度计算次数。

表 10.2　各测试函数的规模

测试函数	规　　模
Onemax	{30,40,50,60,70,80}
Link-10	{30,40,50,60,70,80}
uTrap-4	{32,40,48,56,64,72}
eTrap-4	{32,40,48,56,64,72}

当求解 Onemax 时,L1BOA 和 BOA 所需要的 RMPS 如图 10.5(a)所示。当 $k=0$ 时,BOA 的 RMPS 最小,而 L1BOA 的 RMPS 略高于 $k=0$ 时的 BOA,它们都显著低于 $k=1,2,3$ 时的 BOA。而当 k 值增加时,BOA 的 RMPS 也随之增加。图 10.6(a)中关于适应度计算次数的结果,也呈现出与图 10.5(a)相同的趋势。

图 10.5(b)反映了 L1BOA 和 BOA 在求解 Link-10 时的 RMPS。在求解相同规模的 Link-10 时,L1BOA 的 RMPS 均小于 BOA,而 BOA 的 RMPS 随着 k 的增加而增加。需要指出的是,对于 BOA,$k=0$ 时的 RMPS 高于其他配置情况一个以上数量级,因此其结果没有反映在图 10.5(b)中。图 10.6(b)表现了 L1BOA 和 BOA 以 RMPS 求解不同规模 Link-10 函数时所需要的适应度计算次数。其趋势与图 10.5(b)基本一致。

图 10.5(c)和图 10.6(c)分别反映了 L1BOA 和 BOA 求解 uTrap-4 时的实验结果。由于 $k=0$ 和 $k=1$ 时,BOA 不能确保 100% 求解该测试函数,因此在这两种配置下的 BOA 不再讨论。当求解 uTrap-4 时,L1BOA 的 RMPS 及对应的适应度计算次数明显小于 $k=2$ 时的 BOA,而与 $k=3$ 时的 BOA 大体相同。

图 10.5(d)展示了求解 eTrap-4 时,L1BOA 和 BOA 的 RMPS。对于不同规模的 eTrap-4,L1BOA 的 RMPS 均为最小。对于 BOA 而言,$k=2$ 时的 RMPS 较 $k=3$ 时要小。该结果与求解 uTrap-4 的结果相反。这主要是由于 eTrap-4 的各子函数对适应度的贡献不一样,因此 BOA 能够按

照贡献度的大小逐渐建立起各个子函数所需要的链接关系。图 10.6(d)
展示的关于适应度计算次数的结果也呈现了与图 10.5(d)类似的趋势。

(a) Onemax

(b) Link-10

(c) uTrap-4

(d) eTrap-4

图 10.5 额外控制网络复杂度的 BOA 与 L1BOA 的最小种群规模比较

为了进一步考察 L1BOA 和 BOA 之间的优劣,对图 10.6 所示的两种
算法的适应度计算次数进行了显著性检验,以明确两者是否存在统计意
义上的差别。本章选择了目前被广泛采用的参数化检验方法 t 检验
(T-test)和目前流行的一种非参数化的检验方法 Wilcoxon 秩和检验[200]
(记为 Wilcoxon Test)作为显著性检验的方法。采用非参数化的
Wilcoxon 检验方法是因为参考文献[201-203]指出在无法保证所检验的
数据正态性及方差齐性的情况下,使用非参数化的检验方法更为合理。
显著性检验的具体结果如表 10.3 所示,其中的显著性水平设置为 0.05。
根据两种检验方法得到的结论如表 10.3"结论"一列所示。该列中的各个

符号借鉴了参考文献[9]相关的表示方法,其具体意义如下:⊕和⊖均表示两种检验方法同时拒绝零假设的情况。此时,所比较的两种算法在适应度计算次数上存在统计意义上的差别,也就是说它们存在统计意义上的大小关系。进一步地,⊕/⊖表示参与比较的两种算法中第一种算法的适应度计算次数大于/小于第二种算法。类似地,＋和－均表示两种检验方法中只有一种拒绝零假设的情况。此时,根据拒绝零假设的检验方法,＋/－表示参与比较的两种算法中第一种算法的适应度计算次数大于/小于第二种算法。最后,＝表示两种检验方法中都没有拒绝零假设的情况。在后续的展示显著性检验结果的表格中,上述 5 种符号所表示的意义与表 10.3 相同。

图 10.6　额外控制网络复杂度的 BOA 与 L1BOA 的适应度计算次数比较

表 10.3 额外控制网络复杂度的 BOA 与 L1BOA 适应度计算次数的
显著性检验结果(显著水平 $\alpha = 0.05$)

测试函数	比较对象	T-test	Wilcoxon test			结论[1]
		p-Value	W^+	W^-	p-Value	
Onemax	L1BOA-BOA(k=0)	0.000 2	21	0	0.010 6	⊕
	L1BOA-BOA(k=1)	0.001 1	0	21	0.010 6	⊖
	L1BOA-BOA(k=2)	0.000 9	0	21	0.010 6	⊖
	L1BOA-BOA(k=3)	0.000 3	0	21	0.010 6	⊖
Link-10	L1BOA-BOA(k=1)	0.268 0	3	18	0.046 8	—
	L1BOA-BOA(k=2)	0.004 3	0	21	0.010 6	⊖
	L1BOA-BOA(k=3)	0.001 2	0	21	0.010 6	⊖
uTrap-4	L1BOA-BOA(k=2)	0.000 6	0	21	0.010 6	⊖
	L1BOA-BOA(k=3)	0.128 5	4	17	0.071 1	=
eTrap-4	L1BOA-BOA(k=2)	0.002 2	0	21	0.010 6	⊖
	L1BOA-BOA(k=3)	0.001 1	0	21	0.010 6	⊖

注 1:在该列中,符号⊕和⊖描述两种检验方法同时拒绝零假设的情况,⊕/⊖表示参与比较的两种算法中第一种算法的指标(本表为适应度计算次数)大于/小于第二种算法的指标;符号＋和－描述只有一种检验方法拒绝零假设的况,＋/－表示根据拒绝零假设的检验方法,参与比较的两种算法中第一种算法的指标大于/小于第二种算法的指标;符号＝表示两种检验方法都没有拒绝零假设的情况。

根据表 10.3 中的结果可以看出,网络复杂度的额外控制对 BOA 的性能有着至关重要的影响。当处理不同类型的测试函数时,BOA 需要设置不同的复杂度上限,才能使得其适应度计算次数达到最小,从而发挥其最优性能。而如果对复杂度的上限设置不合理,BOA 的性能将大打折扣。甚至在某些情况下,BOA 将不能寻找到全局最优解。而对于 L1BOA,当处理不同类型的测试函数时,其性能达到甚至超过了 BOA 配置最优复杂度上限时的性能。此外,对于 BOA 自身而言,当对贝叶斯网络复杂度加以额外限制时,如果节点链接数的上限设置较大,虽然 BOA 的性能不一定达到最优,但在一定程度上可以保证 BOA 收敛至目标问题的全局最优解。

2. 时间-空间复杂度关系比较

本节将考察种群规模在 RMPS 基础上增加时,L1BOA 和 BOA 的迭代次数和适应度计算次数的变化情况,进而研究算法时间和空间复杂度的关系。在本节中,所有测试函数的规模均为 40。实验结果如图 10.7 和图 10.8 所示。

图 10.7　种群规模增加时,额外控制网络复杂度的 BOA 与 L1BOA 的迭代次数比较

当求解 Onemax 时,图 10.7(a)和图 10.8(a)分别反映了 L1BOA 和 BOA 的迭代次数和适应度计算次数随种群规模变化的结果。从实验结果可以看到,无论 BOA 的复杂度上限设置为何值,L1BOA 所需的迭代次数均小于 BOA。随着种群规模的增加,L1BOA 的适应度计算次数基本保持不变,而 $k=1,2,3$ 时的 BOA 却有着明显的增加。

图 10.7(b)和图 10.8(b)分别反映了 L1BOA 和 BOA 求解 Link-10 时的情况。尽管 L1BOA 的迭代次数大于 BOA,但是其适应度计算次数要小于 BOA。而当种群规模为两倍的 RMPS 时,L1BOA 的适应度计算次数仅仅增加了 1/3,这指标也明显低于 BOA。

L1BOA 和 BOA 求解 uTrap-4 的实验结果如图 10.7(c)和图 10.8(c)所示。随着种群规模的增加,两种算法所需要的迭代次数都有所减少,且减少的幅度较解 Link-10 函数时更大。而当设置相同的种群规模时,L1BOA 的迭代次数要少于 BOA。此外,当种群规模为两倍的 RMPS 时,

L1BOA 的适应度计算次数仅仅增加了 50%,明显低于 BOA。

图 10.7(d)和图 10.8(d)反映了 L1BOA 和 BOA 求解 eTrap-4 时的情况。虽然 L1BOA 的迭代次数在某些情况下高于 BOA,但其适应度计算次数始终保持最少。特别地,随着种群规模的增加,L1BOA 所需要迭代次数的下降程度要明显大于 BOA,而 L1BOA 的适应度计算次数的增长幅度也明显小于 BOA。

由上述的实验结果可以看出,虽然 L1BOA 的迭代次数在一些情况下大于配置最优复杂度上限时 BOA 的迭代次数,但是 L1BOA 的适应度评价次数却等于或小于配置最优复杂度上限时 BOA 的适应度评价次数。同时,随着种群规模的增加,L1BOA 适应度评价次数增加的幅度也明显小于 BOA。这表明,当种群规模增加时,L1BOA 依然能够获得甚至超过 BOA 配置最优复杂度上限时的性能。

图 10.8 种群规模增加时,额外控制网络复杂度的 BOA 与 L1BOA 的适应度计算次数比较

10.6 模型比较

根据 10.5 节讨论的结果可知,当 BOA 对网络复杂度进行额外控制时,L1BOA 的性能与 BOA 配置最优复杂度上限时的性能基本一致,甚至在求解某些测试函数时,L1BOA 的性能更优。本节将对比 L1BOA 和 BOA 在求解测试函数过程中所建立的概率模型,即贝叶斯网络结构的差别。在进行具体的比较之前,本节将先根据 10.4.1 小节中各测试函数的表达式定义求解这些函数时应建立的理想模型。然后,比较算法求解过程中所建立实际模型与理想模型的差异。在此基础上,本节实验将通过模型复杂度和模型准确度两项指标比较 L1BOA 和 BOA 所学习的贝叶斯网络的优劣。

10.6.1 测试函数的理想模型

10.4.1 小节中的各个测试函数都属于子函数相互独立的加性可分解问题,因此变量之间的链接关系都产生于各个子函数内部,而子函数之间不存在链接关系。因此理想模型中的链接关系,应当完全与其子函数的定义相符合。需要指出的是,在求解各测试函数的过程中,算法所建立的模型与理想模型可能不完全一致。

对于 Onemax 而言,由于每个子函数即为各个变量自身,因此变量间相互独立。其所对应的理想模型应当不包含任何链接关系,如图 10.9(a)所示。

对于 Link-10 函数,子函数按照式(10.11)～式(10.13)计算的结果。由式(10.11)可知,在子函数内部,当 $k \geq 2$ 时,变量 x_{10i-k} 仅仅与变量 x_{10i-l} 相链接,其中 $k,l,\lfloor k/2 \rfloor = \lfloor l/2 \rfloor$。而由式(10.12)和式(10.13)可知,变量 x_{10i-1} 和 x_{10i} 分别与变量集合 $\{x_{10i-8}, x_{10i-6}, x_{10i-4}, x_{10i-2}\}$ 和 $\{x_{10i-9}, x_{10i-7}, x_{10i-5}, x_{10i-3}\}$ 存在链接关系。因此,与其他变量相比,x_{10i-1} 和 x_{10i} 与更多的变量相链接。根据上述分析,求解 Link-10 时应建立的理想模型如图 10.9(b)所示。对于规模为 n 的 Link-10 函数,其理想模型共有链接数 $1.2n$。

由于 uTrap-4 和 eTrap-4 所采用的子函数相同,因此它们所对应的理想模型也一致。由于式(10.15)属于完全欺骗(Fully Deceptive)[158],因此子函数内的两两变量之间都存在链接关系。其理想模型如图 10.9（c）所示。对于规模为 n 的 uTrap-4 和 eTrap-4 函数，其理想模型中共有链接 $1.5n$。

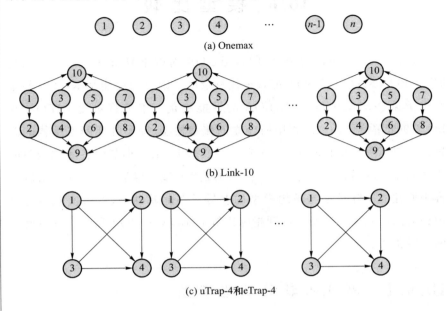

(a) Onemax

(b) Link-10

(c) uTrap-4和eTrap-4

图 10.9　求解 Onemax、Link-10、uTrap-4 和 eTrap-4 时的理想模型

10.6.2　模型复杂度比较

本节将统计在求解目标问题的过程中，L1BOA 和 BOA 所建立模型包含的链接数。两种算法的种群规模将设置为 10.5.2 小节中所确定的 RMPS。图 10.10 反映了各轮迭代算法所建立模型中链接数的平均值，而图 10.11 则反映了当函数规模均为 40 时，两种算法在求解过程中链接数随迭代次数的变化情况。

由图 10.10 所示的结果可以看出，当求解相同类型和规模的测试函数时，BOA 所学习贝叶斯网络的平均链接数随着 k 值的增加而增加。进一步地，该数值与 k 的大小基本成正比例关系。而由图 10.11 所反映的结果可以看到，在最初的若干轮迭代中，BOA 学习的贝叶斯网络所含链接数完全保持不变，且与 k 的大小成严格的正比例关系。这说明，对于 BOA 而言，模型内的链接数目主要由模型复杂度上限（即参数 k）决定。上述的实验结果与 10.5 节的结果一致，再次表明了模型复杂度对 BOA 的性能有着至关重要的影响。对于 L1BOA 而言，其模型中的链接数将随着求解函数的不同而发生改变。这说明了 L1BOA 能够根据目标问题的特点控制网络复杂度。而通过图 10.11 所示的结果可以看到,在各轮迭代中,L1BOA 学习的贝叶斯网络中的链接数的变化情况与 BOA 完全不同。L1BOA 呈现出的链接数先升后降的趋势,符合其在求解过程中先在较大的问题空间范围内进行搜索而后收敛的特点。

图 10.10 求解过程中,L1BOA 和 BOA 建立模型中平均链接数的比较

10.6.3 模型准确度比较

本节将比对 L1BOA 和 BOA 在求解过程中所建立实际模型的准确度。每轮迭代中算法所建立的模型准确度定义为

$$\mathrm{Acc}_{\mathrm{model}} = r_1/N \qquad (10.17)$$

其中,表示 r_1 表示算法实际建立模型和理想模型都拥有的链接数,N 表示实际模型中的链接总数。在本节中,L1BOA 和 BOA 在求解各测试函数时,其种群规模仍然设置为 10.5.2 小节中所确定的 RMPS。需要说明的

是,由于Onemax的理想模型中所包含的链接数为零,因此本节不再讨论L1BOA和BOA求解Onemax时的模型准确度。其他3个函数的规模设置为40。

由图10.12所示的实验结果可以看出,当处理不同的测试函数时,L1BOA所构建模型的准确度基本上都高于BOA。只有当求解Link-10函数时,$k=1$时的BOA在最初若干迭代中,其模型准确度高于L1BOA。同时,模型准确度的高低关系与图10.5和图10.6所反映的算法性能基本一致:模型准确度越高,算法的性能越优。实验结果还表明,对于L1BOA和BOA,模型的准确度随着求解的深入(即迭代次数增加)而增加。出现这样的结果的原因主要在于求解过程的后期,模型中的链接数越来越少(如图10.11所示);同时种群的分布逐渐集中,使得正确链接数的数目逐渐增加。

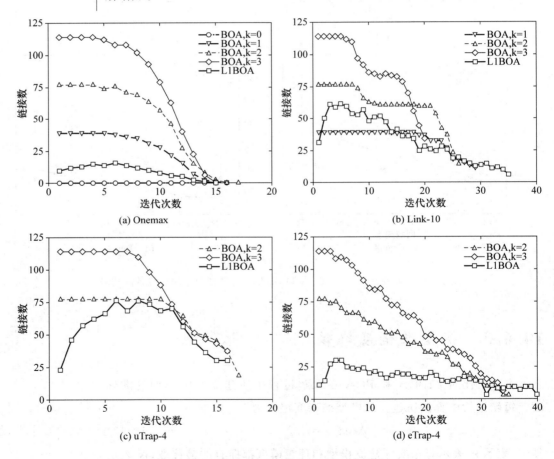

(a) Onemax

(b) Link-10

(c) uTrap-4

(d) eTrap-4

图 10.11 各轮迭代中,L1BOA 和 BOA 建立模型中链接数的比较

图 10.12　各轮迭代中，L1BOA 和 BOA 链接正确率的比较

10.7　本 章 小 结

　　在贝叶斯优化算法中，每轮迭代中所建立贝叶斯网络的复杂度对其性能有着至关重要的影响。由 10.5.1 小节的实验结果可知，如果不对网络复杂度加以额外限制，那么将无法保证 BOA 收敛至全局最优值；而如果对网络复杂度上限约束得不合理，也同样会影响到 BOA 的性能。但是网络复杂度的合理上限，作为与目标问题相关的知识，往往不容易得到。在结构学习过程中，建立更为合理的网络复杂度控制机制，成为提高 BOA 实用性的关键。

　　鉴于上述情况，本章提出了一种基于 L1 正则化贝叶斯网络的分布估计算法（L1-regularized Bayesian Optimization Algorithm，L1BOA）。在每

轮迭代的过程中,该算法中首先通过 L1 正则化 Logistic 回归考察变量之间的相互影响关系。L1 正则化的稀疏性质,使得回归系数中绝大多数项的数值为零。而其他非零项所对应的变量,即被视为是贝叶斯网络中目标节点的候选父节点。随后,该算法利用贪婪搜索在限定的候选链接范围内确定最终的网络结构,从而能够根据目标问题的特点实现对网络复杂度的自动调整。对于不同类型的加性可分解问题进行实验,结果表明:由于在求解的过程中,L1BOA 所构建的模型能够更为准确地反映变量间的链接关系,从而使得其达到甚至超过设置最优网络复杂度上限时 BOA 的性能。

第11章
基于分布估计算法的分类器进化算法

11.1 概　述

  根据 9.5 节的介绍,学习分类器采用遗传算法对规则空间进行搜索。因此,遗传算法的搜索效率对学习分类器的整体性能有着至关重要的影响。根据建筑块假设,遗传算法利用交叉、变异等传统的遗传算子识别并重组建筑块,使得遗传算法向着高于平均适应度的空间区域进行搜索[135]。然而,由于交叉、变异等遗传算子的作用过程与目标问题的结构无关,因此当遗传算法求解复杂问题时,特别是当问题所涉及的变量间存在较为紧密的链接关系时,交叉、变异等遗传算子无法保证有效地识别和重组建筑块。甚至在一些极端的情况下,交叉、变异等遗传算子对建筑块的识别和重组将搜索过程导向至缺乏全局竞争性的建筑块集合,从而导致遗传算法的优化性能和搜索效率大打折扣。与遗传算法不同,分布估计算法对优势种群建模和采样的方式替代传统的遗传算子产生子代,进而能够根据目标问题的结构特点实现建筑块的自动识别和有效重组。因此,分布估计算法为提高学习分类器对规则空间的搜索质量提供了有效途径。

  鉴于此,本章提出了基于分布估计算法的分类器进化算法(pLCS_L1BOA)。该算法根据 Pittsburgh 式学习分类器知识表示的层级特点,将分类器的进化划分为规则和规则集两个层次。在规则层次,算法以对优选规则建立贝叶斯网络和采样的方法引导分类器中单独规则的进化;在规则集层次,规则集根据已建立的规则结构实现自身的重组和进化。

这样的划分,使得分类器能够同时在不同层次上对规则空间进行有效搜索。对构造的和实际的二分类问题进行实验,结果表明:与现有最新的 Pittsburgh 式学习分类器 —— GAssist 相比,pLCS_L1BOA 能够以更少的迭代次数和规则比较次数获得更高的分类准确率;与其他当前被广泛采用的分类算法相比,pLCS_L1BOA 的分类准确率同样有着统计意义上的优势。

本章后续部分组织如下:11.2 节将介绍本章所提出算法的整体框架;11.3 节将介绍该算法中的知识表示结构;11.4 节和 11.5 节将分别详细阐述规则层次和规则集层次上的进化过程;11.6 节将讨论如何整合两个层次的进化过程;11.7 节和 11.8 节将介绍为评价本章所提出算法所进行的实验工作及获得的实验结果;11.9 节总结本章的主要内容。

11.2　算法框架介绍

根据 9.5.2 小节的介绍可知,Pittsburgh 式学习分类器中的各分类器表示为包含不同数目规则的规则集。这些规则集各自独立地、完整地表达目标概念。因此,在进化过程中,分类器之间没有合作的关系,而只有竞争的关系。与第 9 章图 9.4 所示的结构不同,本章所提出的 pLCS_L1BOA 将分类器的进化划分为两个层次:规则层次和规则集层次。规则层次的进化利用第 10 章提出的 L1BOA 实现,规则集层次则在前者所产生规则的基础上对规则集进行重组。本章所提出算法的基本结构如图 11.1 所示。图中虚线上、下分别表示了规则和规则集两个层次的进化过程。在对其分别进行讨论之前,以下将首先介绍算法中知识表示的方法。

图 11.1　基于分布估计算法的分类器进化算法流程图

11.3　分类器的知识表示

本章借鉴了参考文献[32,183]中的方法设计分类器的知识表示结构。具体地说，每个分类器首先被组织为若干规则的析取范式（Disjunctive Normal Form,DNF）。

$$\text{classifier} = r_1 \vee r_2 \vee \cdots \vee r_m \qquad (11.1)$$

其中，每项规则 r_j 由条件部分（Condition Part）和动作部分（Action Part）组成。前者用以明确规则可适用的范围（即定义域），而后者规定了条件满足时该规则应采取的行动。对于分类问题，动作部分给出了预测的类别。每项规则 r_j 的定义为

$$t_1 \wedge t_2 \wedge \cdots \wedge t_n \rightarrow \text{classification} \qquad (11.2)$$

其中，箭头左端的条件部分表示为各特征的检查项（Feature Test）t_i 的合取范式（Conjunctive Normal Form），而 t_i 表示为特征 F_i 若干可取值的析取范式，其定义为

$$t_i = \vee f_i^{\,j}, \quad f_i^j \in \text{cover}(r, F_i) \qquad (11.3)$$

其中，f_i^j 表示特征 F_i 的第 j 个可取值，$\text{cover}(r, F_i) \subseteq S_i$，$S_i$ 表示由 F_i 所有可取值组成的集合，$\text{cover}(r, F_i)$ 表示规则 r 中 F_i 可取值的集合。对于样本 $x = (x_1, x_2, \cdots, x_n)$，当且仅当 $\forall i, x_i \in \text{cover}(r, F_i)$ 时，x 属于规则 r 的定义域，即 x 与规则 r 的条件部分相匹配。其中 x_i 表示 x 中特征 F_i 的取值。如果采用二进制对规则 r 的条件部分进行编码，那么每项特征 F_i 的每个可取值 f_i^j 可由一位二进制编码 b_i^j 表示

$$b_i^j = \begin{cases} 1, & \text{如果 } f_i^j \in \text{cover}(r, F_i) \\ 0, & \text{其他} \end{cases} \qquad (11.4)$$

上述定义可通过如下例子表述。假如样本 x 由特征 A、B、C 组成，如果这三项特征的可取值范围分别表示为 $\{a_1, a_2\}$、$\{b_1, b_2, b_3\}$ 和 $\{c_1, c_2, c_3, c_4\}$，那么规则 $r_{\text{example}} : 11|001|1001 \rightarrow 1$ 表示，当且仅当 x 中特征 A 的取值为 a_1 或 a_2，特征 B 的取值为 b_3，特征 C 的取值为 c_1 或 c_4 时，样本 x 与规则 r_{example} 的条件部分相符合，此时 r_{example} 的预测结果为类别 1。

由上述介绍可知，Pittsburgh 式学习分类器中的每项规则条件部分的编码长度 l 均相同，定义为

$$l = \sum_{i=1}^{n} k_i \qquad (11.5)$$

其中,k_i 表示特征 F_i 的可取值数目。进一步地,如果用一个二进制位表示规则的动作部分,那么每项规则的编码长度为 $(l+1)$。对于由 n 项规则组成的分类器,其编码长度为 $n(l+1)$。

上述的知识表示方法只能直接处理仅含有离散型特征的问题。如果问题涉及连续型特征,则需要将其离散化。为此,本章采用了基于 Chi2 算法[204]的离散化方法。对于某项特征,该方法首先将各样本中该特征的数值分别放到单独的区间(Interval)中,每个区间用唯一一个离散值表示。随后,通过卡方检验(χ^2 Statistics)判断代表相邻两个区间的离散值对于类别是否在统计上相互独立。若不独立,则合并这两个区间;反之,则不合并。上述自底向上的合并过程一直进行到所有相邻的区间都不能合并为止。对于含有 n 个类别的样本数据,如果将某一特征离散化为 m 个区间,那么区间与类别之间的关系如表 11.1 所示。其中,q_{ij} 表示第 i 个区间中属于类别 j 的样本数;s_{i+} 和 s_{+j} 分别表示类别 i 和第 j 个区间所包括的样本数,即 $s_{i+} = \sum_{j=1}^{m} q_{ij}$,$s_{+j} = \sum_{i=1}^{n} q_{ij}$。

表 11.1　基于 Chi2 算法的离散化方法中类别与区间的关系

类别	区间				合计
	$[d_0, d_1]$	$(d_1, d_2]$	$\cdots$	$(d_{m-1}, d_m]$	
C_1	q_{11}	q_{12}	$\cdots$	q_{1m}	s_{1+}
C_2	q_{21}	q_{22}	$\cdots$	q_{2m}	s_{2+}
$\vdots$	$\vdots$	$\vdots$		$\vdots$	$\vdots$
C_n	q_{n1}	q_{n2}	$\cdots$	q_{nm}	s_{n+}
共计	s_{+1}	s_{+2}	$\cdots$	s_{+m}	s

根据表 11.1 所示的结构,Chi2 算法中卡方值的计算方法为

$$X^2 = \sum_{i=1}^{n} \sum_{j=1}^{m} (q_{ij} - e_{ij})^2 / e_{ij} \qquad (11.6)$$

其中,$e_{ij} = s_{i+} \cdot s_{+j} / s$,$s$ 表示样本总数。如果 $s_{i+} = 0$ 或 $s_{+j} = 0$,那么 e_{ij} 将设置为 0.1;卡方检验中的自由度等于类别数减 1,即 $n-1$。

11.4　规则进化

11.4.1　规则评价

根据 11.3 节的介绍,每项规则的条件部分都对规则的作用范围进行了界定。因此,规则的适应度应当首先反映该规则在其条件部分所限定的样本空间上的分类准确率

$$\alpha_p(r) = N_p(r)/N_c(r) \tag{11.7}$$

其中,$N_c(r)$ 表示与规则 r 条件部分相匹配的样本个数,$N_p(r)$ 表示在与 r 的条件部分相匹配的样本中,规则 r 预测的类别与样本实际类别相同的样本数。由于 $\alpha_p(r)$ 仅仅表征了规则的特化(Specification)能力,因此仅依靠该指标不足以全面表征规则的性能。例如,对于两个规则 r_i 和 r_j,假设其预测的类别分别为 c_i 和 c_j。如果 $\alpha_p(r_i) = \alpha_p(r_j)$,但是在它们的定义域之外,属于 c_i 的样本数多于 c_j,这意味着 r_i 的泛化(Generalization)能力不及 r_j,那么 r_j 的整体性能要优于 r_i。鉴于上述考虑,需要引入另一项指标用以表征规则在其作用范围外的预测性能,进而评价规则的泛化能力。

$$\alpha_n(r) = N_n(r)/(N - N_c(r)) \tag{11.8}$$

其中,$N_n(r)$ 表示与规则 r 的条件部分不匹配且类别与 r 的预测类别不同的样本数,N 表示样本总数。综合上述两项指标,规则的适应度定义为

$$f(r) = w_p \cdot \alpha_p(r) + (1 - w_p) \cdot \alpha_n(r) \tag{11.9}$$

其中,w_p 反映了特化性能在适应度中的重要性。对于一般的样本数据而言 $w_p = 0.5$。在具体问题中,可根据训练样本的特点对 w_p 进行设置。

11.4.2　规则重组

根据 9.5.2 小节的介绍,现有的 Pittsburgh 式学习分类器中利用传统的遗传算子(包括交叉和变异)重组规则。然而,参考文献[25]指出传统的遗传算子在学习分类器的规则重组过程中将破坏已经得到的特征组合,从而降低学习分类器的整体性能。鉴于此,本章将利用第 10 章提出的 L1BOA,以对优势种群建立贝叶斯网络并采样的机制替换传统的遗传算子实现规则重组,从而提高学习分类器对规则空间的搜索质量。

在利用 L1BOA 实现规则重组的过程中,首先需要解决优势规则种群的选择问题,即需要明确贝叶斯网络所表征的规则种群。由于 Pittsburgh 式学习分类器最终需要通过规则集实现对于目标问题的求解,因此可直接以高适应度规则集中的所有规则作为优势规则种群。尽管该策略原理简单且可操作性强,但是它有以下 3 个方面的缺点:①当规则集中多于一项规则与样本匹配,且这些规则的预测结果不一致时(见 11.5.1 小节),规则集需要从中根据一项规则给出预测结果。在此情况下,未被选取的规则的适应度低于被选取的规则。这意味着,在适应度高的规则集中,并非所有规则都拥有较高的适应度。②适应度高的规则集中可能包含一些与当前所有样本都不匹配的规则,如果优势规则种群包含这些规则,那么将在贝叶斯网络的学习过程中引入不必要的噪声。③具有高适应度的规则可能包含在适应度低的规则集中。仅仅因为同一规则集中的其他规则适应度低,影响了该规则集的整体性能。鉴于上述的分析,本章将根据式 (11.9) 在所有规则中选择优势规则种群,而忽略规则所在的规则集的性能。

由 11.3 节的讨论可知,每项规则条件部分的编码长度相等。因此,优势规则种群形成了用以学习贝叶斯网络所需的样本数据 $\mathfrak{D}$。其中,$\mathfrak{D}$ 的维度等于 l(见式 (11.5)),$\mathfrak{D}$ 的数据规模等于优势规则种群的规则数目。根据 $\mathfrak{D}$,本章将利用第 10 章提出的 L1BOA 引导规则重组。对于 Pittsburgh 式学习分类器而言,在 L1BOA 得到的贝叶斯网络中,每个节点反映了特征的各个可取值在优势规则种群中的出现情况。而网络中各节点的条件概率分布表,可以根据优势规则群体中特征各可取值出现的频率进行计算。最后,对得到的贝叶斯网络按照前向采样[169]的方法随机采样,即可获得子代规则。

在利用 L1BOA 实现规则重组的过程中,还需要保持规则种群的多样性。根据 11.3 节的讨论,每项规则的条件部分规定了其适用范围。因此,规则之间的竞争应当考虑到彼此适用范围的影响。鉴于此,本章采用小生境技术(Niche Technique)[205]以达到适用范围相似的规则间充分竞争、适用范围差别较大的规则间避免竞争的目的。小生境技术的实现方法有很多,包括 Crowding[206]、Fitness Sharing[207] 和 Clearing[208] 等。本章采用了第一类方法中的 Restricted Tournament Replacement(RTR)[209] 方法。在替换可行解 I 的过程中,该方法通过比较 I 与其他可行解的相似性实现局部竞争。该方法的主要过程如下:首先,在种群中随机生成规模为 σ 的子集 S。然后,在 S 中选择与 I 最为相似的候选解 I'。最后,比较 I 和

I' 的适应度,如果 I' 的适应度大于 I,那么将 I 替换为 I',反之,则不替换。在本章中,规则 I 和 I' 之间的相似度通过彼此条件部分的汉明距离(Hamming Distance)来表示[210]。根据参考文献[149]的讨论,本章将子集 S 的规模 σ 设置为规则条件部分的编码长度 l。这是因为:一方面,当子集 S 规模都相同的情况下,全体种群中可保持的小生境的个数 n_{niche} 在数值上与种群规模 N 成正比例关系,即 $n_{niche} = O(N)$;另一方面,小生境的个数与子集 S 的规模 σ 呈线性关系 $n_{niche} = O(\sigma)$。而在贝叶斯优化算法中,所需种群的规模与问题规模基本呈线性关系,即 $N = O(l)$,其中 l 表示目标问题的规模。所以对于 RTR 而言,子集 S 的规模 σ 应当与问题规模成正比,即 $\sigma = O(l)$,从而在种群规模一定的条件下获得尽可能多的小生境。

根据上述讨论,基于 L1BOA 的规则进化过程如算法 11.1 所示。该算法根据学习分类器中的规则集群体 P_{rs} 和样本数据 D,获得新一代的规则群体 P_r。其中,第 3～5 行将采用了第 10 章提出的 L1BOA 算法。

算法 11.1 基于 L1BOA 的规则进化算法,ruleEvo(P_{rs}, $\mathfrak{D}$)

Input:规则集种群,P_{rs};样本数据,$\mathfrak{D}$;

Output:规则种群,P_r;

1 $P_r \leftarrow \{r | r \in rs_i, rs_i \in P_{rs}\}$

2 根据 $\mathfrak{D}$ 由式(11.9)评价 P_r 中各个规则

3 $S \leftarrow P_r$ 中优势规则

4 $\mathfrak{B} \leftarrow$ 根据 S 学习贝叶斯网络

5 $O \leftarrow$ 采样 $\mathfrak{B}$

6 根据式(11.9)评价 O 中各个规则

7 $P_r \leftarrow$ 根据 O 利用 RTR 更新 P_r

8 **return** P_r

11.5 规则集进化

11.5.1 规则集评价

在定义规则集的适应度之前,首先需要解决预测过程中可能出现的矛盾问题：如果对于同一个样本，规则集中有若干个与之匹配的规则，但是彼此的预测结果不一致，此时规则集必须明确规则取舍的标准，从而给出唯一的预测结果。根据 11.4.1 小节的讨论，此时可以根据式(11.7)、式(11.8)或者式(11.9)在匹配的规则中进行取舍。由于参与取舍过程的各个规则与样本完全匹配，而式(11.7)反映了规则在其定义域内的性能，即特化能力，因此规则集应根据该式选择规则从而产生最终的预测结果。在明确规则集的预测结果后，规则集 rs 的适应度定义为

$$f(\mathrm{rs}) = N_p(\mathrm{rs}) / N \tag{11.10}$$

其中，N 和 $N_p(\mathrm{rs})$ 分别表示样本总数及规则集 rs 给出正确预测结果的样本数。

　　需要指出的是，上述的矛盾问题并没有出现在当前最新的 Pittsburgh 式学习分类器——GAssist 中。在进行规则比较和类别预测的过程中，GAssist 按照在分类器中出现的先后顺序寻找与待处理样本相匹配规则。一旦发现匹配规则，GAssist 将以该项规则的预测结果作为分类器的预测结果，并终止比较和预测过程。因此，即使分类器还有其他的匹配规则，GAssist 预测结果也不会受到这些规则的影响。与本章提出的算法相比，尽管这样的机制减少了每次迭代中规则比较的计算开销，但是很难保证规则空间搜索的充分性和规则评价的完整性，从而最终影响学习分类器的整体性能。

11.5.2　规则集重组

　　由 9.5.2 小节的介绍可知，GABIL[32] 和 GAssist[183] 使用传统的单点交叉算子实现分类器的重组。由于交叉点可以选择在表示分类器的二进制编码的任何位置上，因此 GABIL 和 GAssist 将规则和规则集的重组过程混淆在一起。而在本章提出的算法中，规则层次的进化通过 L1BOA 实现，因此需要在规则集重组的过程中保留已有的规则层次的进化结果。鉴于此，本章采用规则粒度的交叉算子来实现规则集的重组过程。该算子的主要特点是将交叉点设置在规则集的两个相邻规则之间，如图 10.1 方框(d)所示。尽管仍然使用了交叉算子，但这样的设计保证了规则的完整交换，从而使得规则中所蕴含的结构不被破坏。需要指出的是，尽管该算子对交叉点进行了限制，但是交叉点的设置并不需要额外的信息。由 11.3 节的讨论可知，规则集所包含各项规则的长度 $l+1$（见式(11.5)）可以根据训练样本计算得到。因此，交叉点可设置在规则集编码的第 $i(l+1)$

和第 $i(l+1)+1$ 位之间,其中 i 为小于 n 的非负整数,n 表示规则集中的规则数目。

11.6 规则与规则集进化整合

由 11.3 节的介绍可知,在 Pittsburgh 式学习分类器中,规则需要拼装成规则集才能实现对目标问题的求解。以下将介绍采样贝叶斯网络得到的新规则构成新规则集的基本步骤:首先,根据当前的规则集种群 P_{rs} 生成新的新规则集种群 P'_{rs},使后者的规模与前者相同。P'_{rs} 中各规则集所包含的规则从算法 ruleEvo(见算法 11.1)获得的规则群体中随机选择得到。同时使得 P'_{rs} 中各规则集所包含的规则数与 P_{rs} 对应的规则集所包含的规则数目相同。其次,P'_{rs} 中各规则集按照式(11.10)计算适应度。最后,P'_{rs} 和 P_{rs} 中的所有规则集按照其适应度由高到低进行排序。最优的前 50% 的规则集将构成新的规则集种群。上述的规则拼装为规则集的过程如算法 11.2 所示。该算法根据原有规则集种群 P_{rs},新的规则种群 P_r 及样本数据 $\odot$ 产生新的规则集种群 P_{rs}。

将上述的关于规则和规则集层次的进化过程及规则拼装过程整合,构成了完整的基于分布估计算法的分类器进化算法。考虑到学习贝叶斯网络的计算开销相对较高,为了提高算法的整体效率,规则层次的进化每隔若干轮迭代执行一次。与之相反,由于规则集进化的计算复杂度较低。因此每轮迭代都将更新规则集种群。综合上述,本章提出的 pLCS_L1BOA 的整体流程如算法 11.3 所示。其中,参数 κ 则代表了规则进化的执行频率,第 5~8 行展示了基于贝叶斯网络建模和采样的规则进化过程,而第 9~12 行表现了规则集的进化过程。

11.7 实 验 设 置

为了对提出的算法进行评价,实验分别选取了构造的二分类问题,和 UCI 数据集[211]中的二分类问题作为实验对象。本节将首先介绍作为实验对象的构造问题和实际问题的特点,其次介绍参与性能比较的其他算法,然后介绍用于比较算法性能的评价指标,最后介绍参与比较的各算法的配置信息。

算法 11.2　规则拼装算法，$\mathrm{ass}(P_{\mathrm{rs}}, P_r, \mathfrak{D})$

Input：规则集种群，P_{rs}；规则种群，P_r；样本数据，$\mathfrak{D}$；

Output：规则集种群，P_{rs}；

1　$P_{\mathrm{rs}}^t \leftarrow P_{\mathrm{rs}}$

2　**for** P_{rs}^t 中的每个规则集 rs **do**

3　　　$n \leftarrow$ rs 中的规则数

4　　　删除 rs 中所有规则

5　　　**for** $i = 1$ to n **do**

6　　　　　$r \leftarrow$ 随机从 P_r 中挑选规则

7　　　　　将 r 添加到 rs 中

8　　　**end for**

9　**end for**

10　根据 D 由式(4.10)评价 P_{rs}^t 中各个规则集

11　$P_{\mathrm{rs}} \leftarrow P_{\mathrm{rs}}$ 和 P_{rs}^t 中性能最优的前一半规则集

12　**return** P_{rs}

算法 11.3　pLCS_L1BOA 算法流程

Input：样本数据，$\mathfrak{D}$；

1　$t \leftarrow 0$

2　$P_{\mathrm{rs}}^t \leftarrow$ 随机申城规则集种群

3　根据 $\mathfrak{D}$ 由式(11-10)评价 P_{rs}^t 中各个规则集

4　**repeat**

5　　　if $\mathrm{mod}(t, \kappa) = 0$ **then**

6　　　　　$P_r \leftarrow \mathrm{ruleEvo}(P_{\mathrm{rs}}^t, \mathfrak{D})$

7　　　　　$P_{\mathrm{rs}}^t \leftarrow \mathrm{ass}(P_{\mathrm{rs}}^t, P_r, \mathfrak{D})$

8　　　**end if**

9　　　$S_{\mathrm{rs}} \leftarrow P_{\mathrm{rs}}^t$ 中的优势规则集

10　　　$O_{\mathrm{rs}} \leftarrow S_{\mathrm{rs}}$ 通过规则粒度的交叉算子产生子代

11　　　根据 $\mathfrak{D}$ 由式(11-10)评价 O_{rs} 中各个规则集

12　　　$P_{\mathrm{rs}}^{(t+1)} \leftarrow$ 根据 O_{rs} 更新 P_{rs}^t

13　　　$t \leftarrow t+1$

14　**until** 满足结束条件

15　P_{rs}^t 中性能最优的规则集被视为最终的分类器

11.7.1 测试数据

1. 构造问题

本节所涉及的构造问题均为布尔函数。这些问题根据输入的二进制串,输出布尔型变量的结果。对于分类算法而言,如果根据输入的二进制串,其预测结果与布尔函数的结果相同,则视为分类正确;反之,则视为分类错误。

(1) Multiplexer 问题

该问题一直是学习分类器领域内经典的研究对象之一[212]。其输入是一个长度为 $k+2^k$ 的二进制串

$$A_{k-1}\cdots A_1 A_0 D_{2^k-1}\cdots D_1 D_0 \tag{11.11}$$

其中,前 k 位 $A_i(0 \leqslant i < k)$ 和后 $2k$ 位 $D_i(0 \leqslant i < 2k)$ 分别称为地址位和数据位。该问题的输出等于 k 位地址数值所指定的数据位的数值。例如,对于共 6 位的 Multi-plexer 问题($f_{\text{MP-6}}$)①,输入的前 2 位与后 4 位分别表示地址位和是数据位,那么 $f_{\text{MP-6}}(100010)=1$,$f_{\text{MP-6}}(000111)=0$。由式(11.11)可知,$n$ 位 Multiplexer 问题搜索空间的规模为 2^n,其中 $n=k+2^k$。在本书的后续章节中,n 位 Multiplexer 问题简写为 MP-n 问题。此外,通过在概率 p_n 下改变 Multiplexer 问题的输出结果,本节还设计了带有噪声的MP-n问题。其中的 p_n 称为噪音水平,其取值范围为 $p_n = \{0.05, 0.10, 0.15, 0.20\}$。

(2) Count Ones 问题

Count Ones 问题(f_O)的输出取决于输入的二进制串中"1"的个数。如果"1"的个数大于输出串长度的一半,那么结果为 1,反之结果为 0。例如,对于长度为 5 的二进制串,$f_O(00001) = 0$,$f_O(10111) = 1$。方便起见,长度为 n 的 Count Ones 问题将简写为 One-n。

(3) Parity 问题

与 Count Ones 问题类似,Parity 问题(f_P)的输出也由输入二进制串中"1"的个数决定。但是其结果等于"1"的个数模 2 的余数。同样对于长度为 5 的二进制串,$f_P(00001) = 1$ and $f_P(10111)=0$ 在本书后续章节中,长度为 n 的 Parity 问题将简写为 Parity-n。

---

① Mulitiplexer 问题也可以通过析取范式定义。例如,对于 $f_{\text{MP-6}}$,其定义可表示为:$f_{\text{MP-6}}(x_1\,x_2\,x_3\,x_4\,x_5\,x_6) = \neg x_1\,\neg x_2\,x_3 \lor \neg x_1\,x_2\,x_4 \lor x_1\,\neg x_2\,x_5 \lor x_1\,x_2\,x_6$。

图 11.2　具有层级结构的构造问题结构图

（4）Ladder 问题

该问题同样考察了输入串中"1"的个数。具体地说，问题 Ladder-l-n（$f_{\text{L-}l\text{-}n}$）意味着，对于 n 位二进制串，如果有多于或等于 l 位为"1"，那么输出的结果为 1，反之输入的结果为 0。例如，$f_{\text{L-2-3}}(011)=1$，$f_{\text{L-3-3}}(011)=0$。

除上述各问题本身外，本章还将组合这些问题以构成具有层级关系的复杂问题，进而对所提出的算法进行评价。如图 11.2 所示，在这些层级问题中，原始输入的二进制串首先根据 Parity 或者 Ladder 问题求取结果。随后，将这些结果作为输入并按照 Multiplexer 或者 Count Ones 问题计算出最终的结果。在本章实验中，共构造了 3 种层级问题，分别为：Parity Multiplexer（简写为 PMP）、Parity Count Ones（简写为 POne）和 Ladder Multiplexer Problems（简写为 LMP）问题。标识为 X-n-m 的形式明确了层级问题 X 的具体规模：输入的二进制串中相邻的 n 位首先按照 Parity 或者 Ladder 问题计算中间结果，之后相邻的 m 个中间结果再按照 Multiplexer 或者 Count Ones 问题得到最终的结果。

根据上述介绍，本章实验所涉及的各构造问题的基本属性如表 11.2 所示。对于构造的二分类问题，除 MP-37、MP-70、PMP-3-6 和 POne-3-5 外，训练和测试数据将覆盖构造问题所有的样本。而由于 MP-37、MP-70、PMP-3-6 和 POne-3-5 的样本空间比较大，算法在每轮迭代中，将在这些问题的样本空间中随机采样一部分数据作为训练样本。对于上述 4 种问题，每轮迭代中训练样本的规模分别等于 1 373，1 574，1 000 和 1 000。

表 11.2　构造问题的基本信息

数据集	样本数	特征数	规则条件部分编码长度
MP-11（不含或含噪声）	2 048	11	22
MP-20	1 048 576	20	40
MP-37	1.37×10^{11}	37	74
MP-70	1.18×10^{21}	70	140

续 表

数据集	样本数	特征数	规则条件部分编码长度
PMP-2-6	4 096	12	24
PMP-3-6	262 144	18	36
POne-2-5	1 024	10	20
POne-3-5	32 768	15	30
LMP-2-2-6	4 096	12	24
LMP-1-2-6	4 096	12	24
LMP-3-36	262 144	18	36
LMP-2-3-6	262 144	18	36

2. 实际问题

除构造问题外,实验还在 UCI 数据集[211]中选取了 21 组二分类数据作为评对象。这些数据集源于不同的实际应用领域,因此可以较好地反映分类算法在处理实际问题时的性能。所选择的数据集基本属性如表 11.3 所示。

11.7.2　比较对象

本章实验首先将提出的 pLCS-L1BOA 同现有最流行的 Pittsburgh 式学习分类器——GAssist 进行比较。同时,实验还比较了利用 BOA 实现算法 11.1 并将其整合入算法 11.3 的结果。在本书后续部分,该算法记作 pLCS_BOA。此外,本章实验还选择了当前广泛使用的其他 5 种分类算法作为比较对象。这些算法的基本情况如表 11.4 所示。由于 Weka 系统[213]标准地实现了这 5 种算法,因此本书将利用该系统获得这 5 种算法的相关结果。

表 11.3　UCI 数据集的基本信息

ID	数据集名称	样本数	特征数		
			离散类型	连续类型	总计
aus	Australian credit	690	8	6	14
che	Chess	3 196	36	0	36
cre	credit approval	690	9	6	15
dia	diabetes	768	0	8	8
ger	german	1 000	0	24	24
hab	haberman	306	0	3	3
heart	heart	270	8	5	13

ID	数据集名称	样本数	特征数		
			离散类型	连续类型	总计
hep	hepatities	165	13	6	19
hill	Hill-Valley	1 212	0	100	100
ion	ionosphere	351	0	34	34
liv	liver disorders	345	0	6	6
monk	Monk's Problems	432	6	0	6
mush	mushroom	8 124	22	0	22
musk1	Musk Version 1	476	0	166	166
musk2	Musk Version 2	6 598	0	166	166
par	parkinsons	197	0	23	23
tic	Tic-Tac-Toe Endgame	958	9	0	9
tra	transfusion	748	0	4	4
vote	Voting Records	425	16	0	16
wis91	wisconsin(Jan,1991)	699	0	9	9
wis95	wisconsin(Nov,1995)	569	0	30	30

11.7.3　评价指标

本章的实验将从预测性能、训练开销以及结果复杂度等方面比较各分类算法。所涉及的指标包括：分类准确率、迭代次数、规则比较次数和分类器中的规则数。其中，第 1 项指标用于比较预测性能，第 2、3 项指标用于比较训练过程中的计算开销，第 4 项指标用于比较结果复杂度。需要指出的是，由于各个算法的实现语言、编译环境及操作系统不同，因此绝对运行时间无法准确地、客观地反映各算法训练过程的计算开销。因此，选择迭代次数、规则比较次数等指标对算法的训练开销进行比较。

表 11.4　其他分类算法的基本情况

简称	名称	基本思想
NB	朴素贝叶斯(Naive Bayes)[1]	基于概率论的贝叶斯定理
C4.5	决策树(Decision Trees)[52]	基于树形结构和自顶向下的递归比较
PART	部分决策树(Partial Decision Trees)[214]	基于规则归纳和分治思想
SVM	支持向量机(Support Vector Machine)[215]	基于统计机器学习理论
KNN	K 近邻算法(K-Nearest Neighbor)[4]	基于实例的学习思想

（1）分类准确率

在本章的实验中，将以分类算法在测试样本上的分类准确率衡量该算法的预测水平。具体地说，分类算法首先在训练样本集上得到某个分类器。之后，该分类器对各测试样本进行分类，并判断预测类别与该样本标定的类别是否一致。分类算法的分类准确率定义为预测类别与标定类别一致的测试样本数与测试样本总数的比值。分类准确率越高，表明算法的预测性能越强。

（2）迭代次数

pLCS_L1BOA、pLCS_BOA 和 GAssist 在训练过程所需要的迭代次数是衡量其训练开销的重要指标。在本章中，判断训练过程结束的标准为：最近 100 次迭代内算法对于训练样本的分类准确率没有提高。所需要的迭代次数越少，表明算法在训练过程中所需要的计算开销越低。

（3）规则比较次数

该指标指在训练过程中分类器种群与训练样本所进行比较的总次数。其中，判断某分类器中的一项规则与一条训练样本是否匹配的过程视为一次规则比较。之所以通过该指标评价算法的计算开销，是因为参考文献[216]指出在学习分类器的训练过程中，有 65%～85% 的计算开销用于规则与样本比较。另外，相比于迭代次数，该指标在更细粒度级别上反映了算法的计算开销。与迭代次数相同，该指标的数值越小表明算法在训练过程中所需要的计算开销越低。

（4）分类器中的规则数

对于 pLCS_L1BOA、pLCS_BOA 和 GAssist 而言，最终获得的分类器中所包含的规则越多，表明该分类器越复杂。而分类器的复杂程度在很大程度上反映了其泛化性能的高低。在预测水平相同的情况下，该指标的数值越大，分类器的泛化性能越差。

11.7.4 参数设置

pLCS_L1BOA、pLCS_BOA 和 GAssist 参数的配置情况如表 11.5 所示。pLCS_L1BOA 和 pLCS_BOA 分别利用 L1BOA 和 BOA 实现规则进化时的参数配置，与第 10 章表 10.1 所示的相同。由于 pLCS_L1BOA 和 pLCS_BOA 中没有变异操作，因此表 11.5 中的变异概率仅与 GAssist 相关。对于表 11.4 中的 5 种算法，将采用 Weka[213] 的默认参数。本章的所有实验均采用了 5-交叉验证来计算分类准确率。而 pLCS_L1BOA、pLCS_

BOA 和 GAssist 的每项实验结果取 30 次运行结果的平均值。因此,对于一般的数据集,3 种算法都需要运行 150 次。

如果数据集涉及连续型特征,pLCS_L1BOA、pLCS_BOA 将采用 11.3 节介绍的基于 Chi2 的离散化方法对数据进行预处理。其中卡方检验的显著性水平分别取 0.1、0.01 和 0.001。最终的分类准确率取这 3 种配置中的最大值。而 GAssist 将采用参考文献[183]提出的自适应离散化方法(Adaptive Discretization Intervals,ADI),以及 11.3 节介绍的离散化方法。其中 ADI 将采用区间数为{5,10,15,20,25}的等宽度和等频率两种设置对连续型特征进行离散化。GAssist 在每组数据集上最终的分类准确率取这 5 种情况的最大值。对于含有连续型特征的数据集,pLCS_BOA、pLCS_L1BOA 需要分别运行 450 次,而 GAssist 需要运行 750 次。

11.8　实　验　结　果

11.8.1　构造问题

图 11.3 展示了在求解不同规模 Multiplexer 问题时,pLCS_L1BOA、pLCS_BOA 和 GAssist 的性能差异。当问题规模较小时,MP-11、MP-20 和 MP-37 三种算法所最终获得分类器的分类准确率都接近 100%。对于这些问题,相比较 GAssist,pLCS_L1BOA 和 pLCS_BOA 收敛时需要较少的规则比较次数,表明这两种算法训练过程中的计算开销较小。当问题规模较大时,例如对于 MP-70 问题,GAssist 不能有效地求解,而 pLCS_L1BOA 和 pLCS_BOA 的分类准确率则接近 100%,如图 11.3(d)所示。因此,对于不同规模的 Multiplexer 问题,pLCS_L1BOA 和 pLCS_BOA 的性能要优于 GAssist。另外,这 3 种算法收敛所需要的规则比较次数随着问题规模的增加而增加,表明 Multiplexer 问题的难度随着其规模的增加而增加。

一方面,对于带有不同水平噪音的 MP-11 问题,3 种算法的实验结果如图 11.4 所示。可以看到,图 11.4 反映的算法间的收敛速度关系与图 11.3 相同:pLCS_L1BOA 和 pLCS_BOA 算法都快于 GAssist。另一方面,各种算法收敛时所需的规则比较次数都随着噪音水平的提高而增加;而各种算法获得分类器的分类准确率大致 100% 减去问题的噪音水平。这表明,噪音水平在相当程度上表征了问题的复杂度:噪音水平越高,问题越复杂。

表 11.5　GAssist、pLCS BOA 和 pLCS L1BOA 的参数配置情况

参数名称	数值
规则初始化过程中编码为 1 的概率	0.90
规则集初始化中的规则数	20
规则集种群规模	200
规则粒度交叉概率	0.60
规则集进化中的选择方法	锦标赛选择(Tournament Selection)
锦标赛个数(Tournament Size)	3
规则拼装的替换比例	0.50
两次规则进化之间的选出次	10
终止条件	算法收敛
变异概率(仅用于 GAssist)	0.60
贝叶斯网络节点链接数上限(仅用于 pLCS-BOA)	5

在复杂的层级问题上,3 种算法的性能比较结果如图 11.5 和图 11.6 所示。与 Multiplexer 问题(带或不带噪声)上的实验结果基本相同,pLC_S_L1BOA 和 pLCS_BOA 的收敛速度仍然大于 GAsssit。当问题规模增大时(例如,POne-3-5 和 PMP-3-6 问题),本章所提出两种算法的分类准确率明显高于 GAssist(如图 11.5(c)(d)所示)。而当底层问题较为复杂时(例如,LMP-1-2-6 和 LMP-2-3-6 问题),pLCS-L1BOA 和 pLCS-BOA 在收敛速度上的优势更加明显(如图 11.6(b)(d)所示)。

此外,从图 11.3～图 11.6 中的结果可以看到,pLCS_L1BOA 较 pLCS_BOA 的收敛速度更快。这一结果与第 10 章所得到的结果相吻合。由于 L1BOA 较 BOA 学习的贝叶斯网络能够更好地反映变量之间的链接关系,因此在通过贝叶斯网络对优势规则种群建模和采样实现规则进化的过程中,Plcs-L1BOA 能够更有效地搜索规则空间,从而提高学习分类器的整体性能。

图 11.3　Multiplexer 问题上的性能比较[①]

图 11.4　带有不同噪音水平 MP-11 问题上的性能比较

---

① 为了更好地展示实验结果，图 11.3～图 11.6 通过类型线条区分不同的算法。

图 11.5 Parity Multiplexer 和 Parity One 问题上的性能比较

图 11.6 Ladder Multiplexer 问题上的性能比较

表 11.6 展示了 GAssist、pLCS_BOA 和 pLCS_L1BOA 在上述这些构造问题中的分类准确率和分类器中的规则数目。其中,对于各项指标,加黑的数据表示该数据集上所获得的最优结果。可以看到,pLCS_L1BOA 和 pLCS_BOA 的分类准确率与 GAssist 基本相同。而对于一些问题,前两种算法还能获得更高的分类准确率。对于分类器所包含的规则数目,3 种算法也没有明显的区别。3 种算法收敛时所需要的迭代次数和规则比较次数如表 11.7 所示。这两项表征算法训练开销的指标显示出 pLCS_L1BOA 和 pLCS_BOA 的收敛速度明显快于 GAssist。总体上,较 GAssist 的迭代次数和规则比较次数,pLCS_L1BOA 和 pLCS_BOA 分别减少了 30% 和 15% 左右。同时,实验还统计了每轮迭代各算法所需要的规则比较次数。根据表 11.7 所示的结果,相比较 GAssist,pLCS_L1BOA 和 pLCS_BOA 需要在每轮迭代中进行更多的规则比较。这一结果符合 11.5.1 小节的分析。尽管如此,由于 pLCS_L1BOA 和 pLCS_BOA 需要更少的迭代次数,因此它们在分类器进化过程中需要的规则比较总数更少。

表 11.6　构造问题上,GAssist、pLCS BOA 和 pLCS L1BOA 的分类准确率及分类器的规则数目

数据集	分类准确率			分类器中的规则数		
	GAssist	pLCS-BOA	pLCS-L1BOA	GAssist	pLCS-BOA	pLCS-L1BOA
MP-11	**100.00±0.00**	100.00±0.00	100.00±0.00	**9.34±0.94**	9.62±0.87	9.53±0.67
MP-20	**99.89±0.89**	99.74±0.52	99.69±0.67	**17.3±1.48**	18.1±1.87	17.6±1.29
MP-37	98.70±1.57	99.14±0.35	**99.25±0.13**	48.7±4.49	**34.9±5.23**	43.8±4.27
MP-70	—	98.67±1.14	**98.93±1.24**	—	**82.8±9.47**	89.5±8.67
MP-11 $p_n=0.05$	**94.42±0.54**	94.17±0.47	94.01±0.41	**9.34±0.78**	9.53±0.42	9.75±0.63
MP-11 $p_n=0.10$	89.95±0.74	89.31±0.46	**89.98±0.52**	**9.49±0.92**	9.68±0.50	9.59±0.74
MP-11 $p_n=0.15$	**86.94±0.53**	86.43±0.98	86.37±0.31	9.54±0.67	**9.37±0.79**	9.81±0.67
MP-11 $p_n=0.20$	**81.38±0.89**	80.59±1.43	80.25±1.23	**9.41±0.63**	9.83±0.73	9.58±0.67
PMP-2-6	85.93±2.34	87.02±2.14	**89.96±2.36**	36.2±3.20	**32.1±3.97**	41.7±3.62
POne-2-5	89.23±1.03	93.87±1.87	**94.09±2.03**	32.6±4.21	35.4±3.94	**28.8±3.74**
PMP-3-6	77.89±1.00	93.02±2.47	**93.13±2.64**	**86.0±7.46**	95.7±8.12	89.4±7.95
POne-3-5	80.49±0.93	93.68±2.75	**93.82±1.99**	76.0±5.67	**69.7±4.98**	73.2±5.36
LMP-2-2-6	98.37±2.97	98.01±1.93	**99.08±2.42**	**14.4±1.05**	15.5±1.34	15.1±0.92
LMP-1-2-6	98.59±1.03	**98.74±0.97**	98.30±1.80	**11.2±1.21**	12.3±1.30	11.8±1.09
LMP-3-3-6	98.38±3.14	96.52±2.65	**98.93±3.03**	9.37±0.76	**9.04±0.83**	9.59±0.94
LMP-2-3-6	92.50±1.82	96.52±2.01	**96.84±2.81**	94.9±8.76	99.3±8.45	**91.8±7.96**

表 11.7 构造问题上，GAssist、pLCS_BOA 和 pLCS_L1BOA 训练过程中的计算开销

数据集	迭代次数（×10¹）			规则比较次数（×10⁹）			每轮迭代中规则比较次数（×10⁶）		
	GAssist	pLCS_BOA	pLCS_L1BOA	GAssist	pLCS_BOA	pLCS_L1BOA	GAssist	pLCS_BOA	pLCS_L1BOA
MP-11	22.7±6.41	16.4±4.41	14.2±4.14	0.39±0.15	0.34±0.07	0.29±0.12	1.60±0.06	2.19±0.25	2.08±0.23
MP-20	110±21.6	45.7±18.6	43.2±17.3	1454±370	982±221	846±247	1129±345	2354±475	2264±433
MP-37	657±47.4	320±81.3	264±64.4	69.3±17.4	57.8±17.5	46.1±16.3	9.79±1.43	18.2±3.25	18.9±3.03
MP-70	—	1840±451	1547±398	—	958±175	759±164	—	49.5±14.6	50.6±12.1
MP-11 $p_n=0.05$	29.0±7.45	17.2±4.16	15.6±5.34	0.42±0.08	0.35±0.07	0.31±0.07	1.47±0.04	2.21±0.19	2.12±0.17
MP-11 $p_n=0.10$	44.6±6.12	23.8±4.36	20.2±5.23	0.46±0.08	0.43±0.09	0.36±0.09	1.03±0.07	1.83±0.32	1.87±0.28
MP-11 $p_n=0.15$	60.3±5.28	29.5±7.75	22.1±5.84	0.62±0.16	0.53±0.14	0.38±0.14	1.02±0.08	1.84±0.12	1.87±0.11
MP-11 $p_n=0.20$	69.6±2.78	36.4±2.87	28.0±2.86	0.75±0.10	0.68±0.14	0.44±0.15	1.04±0.06	1.90±0.89	1.67±0.81
PMP-2-6	122±7.58	84.5±12.9	89.3±10.6	4.65±1.62	4.22±0.97	4.38±1.13	3.81±0.32	5.04±0.24	5.08±0.26
POne-2-5	89.7±14	38.2±9.88	34.2±8.67	1.42±0.28	1.15±0.11	1.02±0.16	1.57±0.11	3.12±1.13	3.02±1.16
PMP-3-6	267±34.5	67.6±20.4	61.7±21.2	23.4±5.74	12.1±3.18	11.2±4.23	8.38±1.21	20.3±1.21	19.2±1.19
POne-3-5	182±26.4	49.6±16.3	45.3±15.3	7.67±1.64	4.60±0.93	4.11±1.22	4.01±0.68	9.15±0.79	9.21±0.82
LMP-2-2-6	69.3±19.4	44.5±2.29	36.8±2.08	1.00±0.29	0.79±0.08	0.62±0.11	1.42±0.11	1.81±0.54	1.86±0.42
LMP-1-2-6	79.2±9.22	40±8.23	35.3±8.13	0.96±0.24	0.75±0.16	0.61±0.20	1.19±0.22	1.91±1.54	1.83±1.23
LMP-3-3-6	5.84±0.12	6.34±0.13	5.98±0.13	3.49±0.46	3.69±0.44	3.43±0.41	53.4±11.0	58.1±18.7	59.8±17.2
LMP-2-3-6	242±26.9	94.7±16.8	88.2±17.1	2473±83.6	2124±76.3	1875±77.2	986±133	2334±518	2246±491

实验还分析了表 11.6 和表 11.7 所示结果的显著性差异。与 10.5.2 小节相同,本章实验同样采用了参数化和非参数化两种显著性检验的方法,即 t 检验和 Wilcoxon 秩和检验[200]。显著性检验的结果如表 11.8 所示,其中显著性水平设置为 0.05。表 11.8 中"结果"一列各符号所表示的含义与第 10 章表 10.3 中的相同。根据表 11.8 所示的结果可知,尽管平均每轮迭代中 pLCS_BOA 和 pLCS_L1BOA 的规则比较次数大于 GAssist,但前两者训练过程中所需要的迭代次数和规则比较次数要小于后者。对于分类准确率,pLCS_BOA 与 GAssist 之间没有统计意义上的差别。这意味着 pLCS_BOA 在不降低预测性能的基础上能够有效减少分类器的训练开销。对于 pLCS_L1BOA,由于其较 pLCS_BOA 在收敛时需要更少的迭代次数和规则比较次数,同时分类准确率显著高于 pLCS_BOA 和 GAssist,因此在这 3 种算法中 pLCS_L1BOA 的性能最优。此外,3 种算法所获得分类器的复杂度没有统计意义的差别。

表 11.8　构造问题上,GAssist、pLCS_BOA 和 pLCS_L1BOA 各项指标的显著性检验结果(显著水平 $\alpha = 0.05$)

指标	比较对象	T-test		Wilcoxon test		结论①
		p-Value	W^+	W^-	p-Value	
分类准确率	pLCS_BOA-GAssist	0.054 3	65.5	39.5	0.198 5	=
	pLCS_L1BOA-GAssist	0.027 6	80	25	0.039 4	⊕
	pLCS_L1BOA-pLCS BOA	0.038 1	92	28	0.034 6	⊕
迭代次数	pLCS_BOA-GAssist	<0.000 1	1	119	0.000 4	⊖
	pLCS_L1BOA-GAssist	<0.000 1	1	119	0.000 4	⊖
	pLCS_L1BOA-pLCS BOA	<0.000 1	3	133	0.000 4	⊖
规则比较次数	pLCS_BOA-GAssist	<0.000 1	1	119	0.000 4	⊖
	pLCS_L1BOA-GAssist	<0.000 1	0	120	0.000 3	⊖
	pLCS_L1BOA-pLCS BOA	<0.000 1	1	135	0.000 4	⊖
每轮迭代规则比较次数	pLCS_BOA-GAssist	<0.000 1	120	0	0.000 3	⊕
	pLCS_L1BOA-GAssist	<0.000 1	120	0	0.000 3	⊕
	pLCS_L1BOA-pLCS BOA	0.088 0	97	39	0.066 8	=
规则数	pLCS BOA-GAssist	0.390 6	75	45	0.197 1	=
	pLCS L1BOA-GAssist	0.292 3	72	48	0.247 6	=
	pLCS L1BOA-pLCS BOA	0.351 4	72	64	0.418 0	=

注①:该列中各符号意义详见第 10 章表 10.3 注 1。

11.8.2　实际问题

本节将以表 11.3 所示的 21 组 UCI 数据集为对象比较 pLCS_L1BOA、pLCS_BOA、GAssist 以及表 11.4 中 5 种算法之间的性能差异。这 8 种算法的分类准确率结果如表 11.9 所示。其中最后两行显示了在求解各个数据集时 8 种算法的平均排名,以及该指标下的排序。为了进一步比较算法之间的优劣,本节实验仍然采用了 t 检验和 Wilcoxon 秩和检验两种方法对表 11.9 中的结果进行显著性检验。结果如表 11.7 所示。其中"结果"一列各符号的含义与表 10.3 相同。

表 11.9 UCI 数据集上，各算法的分类准确率

数据集	GAssist	pLCS_BOA	pLCS_L1BOA	NB	C4.5	PART	SVM	KNN
Aus	85.80±1.42	86.23±1.97	86.09±2.31	81.59±2.48	85.65±2.48	80.87±3.92	71.30±3.75	**86.38±2.96**
Che	96.85±1.39	96.32±1.26	97.38±1.04	87.98±1.10	99.34±0.39	99.00±0.55	**99.41±0.46**	96.28±0.91
Cre	86.43±1.68	**87.42±2.09**	92.49±0.79	81.30±2.83	87.25±1.50	85.22±2.09	85.65±1.65	86.23±1.77
Dia	73.05±2.01	73.73±1.89	73.30±2.21	75.38±4.77	72.39±4.01	72.52±4.05	**77.34±2.89**	73.28±3.15
Ger	73.17±2.22	70.28±2.30	70.47±2.14	**74.20±2.25**	71.80±4.25	68.40±5.07	69.00±1.77	71.60±2.36
Hab	74.54±2.72	**75.41±1.84**	75.41±0.12	73.52±9.11	71.25±5.82	72.23±7.28	71.90±7.59	70.91±8.86
Heart	79.32±3.58	80.80±4.36	80.28±4.08	**83.70±6.60**	73.33±3.36	76.30±4.79	75.56±4.79	79.48±3.70
Hep	83.66±5.22	**85.70±3.13**	83.97±3.21	84.52±6.99	76.77±10.05	80.65±7.57	77.42±14.96	82.58±8.41
Hill	51.54±1.72	53.01±0.86	52.94±1.43	51.40±0.57	51.64±1.04	51.65±1.04	**55.67±2.64**	55.27±3.62
Ion	89.62±3.48	**91.46±2.79**	91.18±2.40	90.73±4.09	90.41±4.77	90.05±3.16	85.96±4.44	85.23±4.00
Liv	66.96±4.54	65.99±2.18	67.98±0.97	65.80±5.29	68.12±4.35	63.48±3.61	**69.28±5.16**	58.84±1.65
Monk	98.32±3.37	99.83±1.19	100.00±0.00	75.00±0.68	**100.00±0.00**	99.53±1.04	100.00±0.00	100.00±0.00
Mush	99.76±0.34	99.99±0.05	100.00±0.00	95.58±0.89	100.00±0.00	100.00±0.00	100.00±0.00	100.00±0.00
musk1	84.25±2.77	85.36±2.44	85.62±2.09	74.16±1.29	84.67±3.16	83.20±2.70	**88.26±2.47**	82.76±3.42
musk2	97.32±0.61	97.79±0.41	97.80±0.54	84.15±0.32	96.68±0.70	97.38±0.38	**98.83±0.11**	96.48±0.55
par	90.94±4.55	91.20±2.67	89.08±4.52	71.28±5.56	86.15±6.93	83.59±5.90	**92.31±2.92**	90.98±2.15
tic	96.58±1.78	**96.92±1.11**	96.58±0.93	70.77±3.08	83.93±3.43	94.78±2.74	96.03±1.31	95.75±0.28
tra	77.27±3.55	77.85±2.04	77.85±1.87	75.80±4.88	**78.75±3.59**	78.35±3.38	75.17±2.04	75.88±4.28
vote	96.24±1.98	96.13±1.92	**96.64±1.83**	90.34±4.85	96.32±2.74	96.32±2.74	94.48±1.50	93.33±3.29
wis91	95.11±1.34	95.18±1.10	94.86±0.65	**97.57±1.09**	93.85±1.64	94.85±1.84	92.09±1.81	96.19±1.16
wis95	93.68±1.31	93.65±1.54	93.91±1.65	94.73±1.65	93.32±2.20	94.20±1.59	**96.84±1.59**	96.56±1.07
平均排名	4.71	3.33	2.86	5.52	4.71	5.24	4	4.67
排名次序	5	2	1	8	5	7	3	4

表 11.10　UCI 数据集上,各算法分类准确率的显著性检验结果(显著水平 $\alpha=0.05$)

比较对象	T-test	Wilcoxon test			结论[①]
	p-Value	W^+	W^-	p-Value	
GAssist-NB	0.005 6	182	49	0.009 9	⊕
GAssist-C4.5	0.047 3	143	88	0.165 3	+
GAssist-PART	0.009 6	172.5	58.5	0.022 8	⊕
GAssist-SVM	0.195 8	130	101	0.301 2	=
GAssist-KNN	0.088 1	151.5	79.5	0.102 2	=
pLCS_BOA-GAssist	0.030 9	184	47	0.008 2	⊕
pLCS_BOA-NB	0.003 5	192	39	0.003 7	⊕
pLCS_BOA-C4.5	0.021 1	170.5	60.5	0.026 9	⊕
pLCS_BOA-PART	0.001 2	199	32	0.001 8	⊕
pLCS_BOA-SVM	0.101 0	139.5	91.5	0.197 1	=
pLCS_BOA-KNN	0.017 6	173.5	57.5	0.021 0	⊕
pLCS_L1BOA-GAssist	0.043 0	169.5	40.5	0.008 0	⊕
pLCS_L1BOA-pLCS BOA	0.294 0	97	93	0.468 0	=
pLCS_L1BOA-NB	0.002 9	189	42	0.005 1	⊕
pLCS_L1BOA-C4.5	0.007 7	158	32	0.005 6	⊕
pLCS_L1BOA-PART	0.000 5	192	18	0.000 6	⊕
pLCS_L1BOA-SVM	0.071 5	127	63	0.098 9	=
pLCS_L1BOA-KNN	0.022 5	139	51	0.038 3	⊕

注①:该列中各符号意义详见第 10 章表 10.3 注①。

由表 11.9 最后两行的结果可以看到,在 8 种算法中,pLCS_L1BOA、pLCS_BOA 和 SVM 的分类准确率最高。而表 11.7 所示的显著性检验结果表明,较 GAssist,pLCS_L1BOA 和 pLCS_BOA 能够获得更高的分类准确率。与其他的 5 种方法相比,GAssist 的分类准确率仅显著高于 NB 和 PART 算法。而 pLCS_L1BOA 和 pLCS_BOA 的分类准确率除与 SVM 没有统计意义上的差别外,较其他 4 种方法,则有着明显的优势。

与 11.8.1 小节类似,本节的实验仍然通过比较迭代次数及规则来比较次数,分析 pLCS_L1BOA、pLCS_BOA 与 GAssist 在求解 UCI 各组数据集时的训练开销。根据表 11.11 所示的实验结果不难看出:对于 UCI 的各组数据集,最少的迭代次数和最少的规则比较次数(数据加黑以示区别)大部分由 pLCS_L1BOA 或 pLCS_BOA 得到。而每轮迭代中规则比较次数的最小值,多数由 GAssist 取得。进一步地,实验还对表 11.11 中的数据进行了显著性检验,结果如表 11.12 所示。可以看到,对于迭代次数及规则比较次数两项指标,pLCS_L1BOA 的数值要显著小于 pLCS_BOA,两者又都同时显著小于 GAssist。这表明,pLCS_L1BOA 的训练开销显著小于 pLCS_BOA,两者又都同时小于 GAssist。而对于每轮迭代中的规则比较次数,pLCS_L1BOA 与 pLCS_BOA 之间没有统计意义上的差别,而这两种算法都显著大于 GAssist。上述结果与 11.8.1 小节中关于构造问题的实验结果一致。

表 11.11 UCI 数据集上，GAssist,pLCS_BOA 和 pLCS_L1BOA 训练过程中的计算开销

数据集	迭代次数（×10^1）			规则比较次数（×10^8）			每轮迭代中规则比较次数（×10^5）		
	GAssist	pLCS_BOA	pLCS_L1BOA	GAssist	pLCS_BOA	pLCS_L1BOA	GAssist	pLCS_BOA	pLCS_L1BOA
Aus	107±13.5	75.6±12.3	30.5±9.95	1.96±0.22	2.81±0.71	1.23±0.43	1.73±0.32	3.61±0.84	4.47±0.98
Che	36.7±10.8	33.6±7.12	32.7±9.77	3.91±1.26	3.34±1.35	3.81±1.18	10.8±2.12	18.5±3.61	13.8±2.54
Cre	115±22.5	88.3±12.2	37.4±4.16	3.05±0.80	4.31±1.37	1.46±0.38	2.45±0.53	4.78±0.59	3.99±0.61
dia	63.7±12.9	25.7±7.22	24.9±9.41	1.30±0.12	1.09±0.47	0.94±0.21	2.04±0.92	4.12±0.85	3.89±0.88
ger	83.5±11.3	48.0±7.21	37.9±8.59	2.98±0.31	3.48±0.81	3.39±0.77	3.51±0.76	7.02±0.79	9.29±1.24
hab	64.9±8.46	12.1±41.8	8.34±2.60	0.46±0.15	0.29±0.11	0.05±0.01	0.70±0.17	2.19±0.26	0.94±0.21
heart	86.3±35.4	45.6±18.6	39.3±9.00	2.14±0.85	0.78±0.26	0.53±0.12	2.19±0.39	1.95±0.22	1.56±0.18
hep	32.6±12.3	7.80±3.74	4.50±1.25	0.28±0.07	0.09±0.05	0.04±0.01	0.86±0.05	1.25±0.33	0.98±0.17
hill	597±112	512±98.1	496±102	23.2±6.68	20.6±5.96	19.9±6.01	3.76±0.59	4.00±0.67	4.24±0.62
ion	32.9±9.01	8.66±2.15	14.3±5.36	0.32±0.12	0.27±0.11	0.25±0.09	0.91±0.14	3.12±0.53	2.01±0.64
liv	78.4±7.54	49.7±22.3	36.7±1.35	0.78±0.35	0.50±0.27	0.23±0.06	0.96±0.21	1.00±0.27	0.75±0.14
monk	11.3±6.88	3.74±1.03	5.33±1.49	0.13±0.08	0.12±0.02	0.14±0.03	1.17±0.08	3.41±0.65	2.84±0.54
mush	20.2±10.5	18.3±2.47	7.83±2.76	4.92±0.25	4.90±1.30	1.22±0.43	24.6±3.04	38.0±5.21	23.1±3.42
musk1	196±43.0	176±27.6	168±31.2	3.97±0.35	3.75±0.36	3.54±0.31	2.00±0.46	2.18±0.31	2.38±0.38
musk2	976±229	897±203	845±234	2317±323	2165±293	2036±304	213±41.1	237±44.9	274±46.8
par	27.4±9.49	19.5±9.80	18.3±4.20	0.16±0.06	0.13±0.07	0.14±0.04	0.61±0.24	0.75±0.29	0.89±0.21
tic	44.1±15.5	32.9±15.7	29.1±6.83	4.44±0.86	3.45±0.69	3.71±0.94	10.1±1.56	11.4±1.63	13.2±1.67
tra	53.8±13.3	7.64±1.42	4.26±1.02	0.78±1.29	0.29±0.06	0.11±0.02	1.37±0.36	3.70±0.41	2.69±0.36
vote	20.7±6.57	17.3±1.38	10.2±1.82	0.28±0.08	0.19±0.03	0.18±0.03	1.10±0.13	1.81±0.21	1.79±0.19
wis91	46.5±7.91	35.4±15.9	11.8±2.66	0.74±0.09	0.55±0.05	0.42±0.17	1.49±0.48	1.45±0.32	3.86±0.50
wis95	56.0±36.3	15.6±11.1	14.8±4.22	3.16±0.44	0.48±0.19	0.44±0.14	5.41±1.19	3.00±0.94	3.24±1.45

表 11.12 UCI 数据集上, GAssist、pLCS-BOA 和 pLCS-L1BOA 训练过程中计算开销的
显著性检验结果(显著水平 $\alpha = 0.05$)

指标	比较对象	T-test	Wilcoxon test			结论[①]
		p-Value	W^+	W^-	p-Value	
迭代次数	pLCS BOA-GAssist	<0.000 1	0	231	<0.000 1	⊖
	pLCS_L1BOA-GAssist	<0.000 1	0	231	<0.000 1	⊖
	pLCS_L1BOA-pLCS_BOA	0.002 5	35	196	0.002 5	⊖
规则比较次数	pLCS_BOA-GAssist	0.004 8	42	189	0.005 1	⊖
	pLCS_L1BOA-GAssist	<0.000 1	8	223	0.000 1	⊖
	pLCS_L1BOA-pLCS_BOA	0.001	38	193	0.001 0	⊖
每轮迭代规则比较次数	pLCS_BOA-GAssist	0.004 2	192	39	0.003 7	⊕
	pLCS_L1BOA-GAssist	0.000 4	206	25	0.000 8	⊕
	pLCS_L1BOA-pLCS_BOA	0.318 3	86	145	0.148 5	=

注①:该列中各符号意义详见第 10 章表 10.3 注①。

实验还比较了 pLCS_L1BOA、pLCS_BOA 和 GAssist 所获得分类器中的规则数目,结果如表 11.13 所示。本节实验照例对该结果进行了显著性检验,结果如表 11.14 所示。不难看出,3 种算法所获得最终分类器中的规则数目没有统计意义上的区别。这表明,各算法的结果复杂度基本相同。

表 11.13 UCI 数据集上, GAssist、pLCS_BOA 和 pLCS_L1BOA
所获得分类器中的规则数目

数据集	GAssist	pLCS_BOA	pLCS_L1BOA
aus	6.32±0.34	8.56±0.26	7.58±1.17
che	7.70±0.22	7.12±0.33	7.34±1.19
cre	4.96±0.22	8.13±0.17	7.42±1.08
dia	7.35±0.28	5.96±0.22	6.83±1.80
ger	4.35±0.15	18.1±0.12	18.0±2.36
hab	3.91±0.11	2.48±0.11	2.25±0.62
heart	7.13±0.34	8.55±0.18	7.73±1.19
hep	3.56±0.16	3.17±0.17	3.67±0.78
hill	12.1±2.52	12.4±2.16	12.3±2.23
ion	2.94±0.19	4.88±0.22	5.42±1.17
liv	5.24±0.17	5.14±0.23	5.00±0.43
monk	4.56±0.24	4.74±0.24	5.87±0.35
mush	4.72±0.23	4.33±0.12	4.42±0.79
musk1	11.2±2.18	12.3±2.61	12.1±2.14
musk2	47.2±6.23	44.3±6.12	46.3±6.47
par	4.02±0.09	4.25±0.19	4.58±0.67
tic	22.3±1.38	18.9±0.95	18.9±1.83
tra	4.12±0.13	2.74±0.13	2.42±0.52
vote	5.14±0.16	4.17±0.08	4.67±0.65
wis91	4.06±0.11	4.33±0.19	4.70±0.86
wis95	4.59±0.22	5.32±0.13	4.83±1.12

表 11.14　UCI 数据集上，GAssist 、pLCS_BOA 和 pLCS_L1BOA 所获得分类器中规则数目的显著性检验结果(显著水平 $\alpha = 0.05$)

比较对象	T-test	Wilcoxon test			结论①
	p-Value	W^+	W^-	p-Value	
pLCS_BOA-GAssist	0.218 1	121	111	0.417 2	=
pLCS_L1BOA-GAssist	0.165 2	136	95	0.232 7	=
pLCS_L1BOA-pLCS_BOA	0.220 2	132	99	0.277 3	=

注①:该列中各符号意义详见第 10 章表 10.3 注①。

11.8.3　参数敏感度分析

由于学习贝叶斯网络的计算开销较大,本章提出的算法在规则层次采用了间隔学习的策略构建贝叶斯网络(详细过程见 11.6 节的介绍)。而间隔的大小由算法 11.3 中的参数 κ 决定。本节将通过 PMP-2-6 和 POne-2-5 问题(见 11.7.1 小节中的定义)分析该参数对 pLCS_L1BOA 性能的影响,结果如图 11.7 所示。该图中左侧的 Y 轴表示了对于不同的 κ,pLCS_L1BOA 训练过程的运算时间相对于 $\kappa=10$ 时的倍数,右侧的 Y 轴表示了对 κ 设置不同数值时,pLCS_L1BOA 训练过程需要的规则比较次数。从该实验结果可以看到,规则比较次数随着间隔的增加而增加,表明算法的训练开销随着间隔的增加而增加。之所以出现这样的现象是因为较大的间隔意味着在分类器训练的过程中较少利用 L1BOA 实现规则进化,从而降低了 pLCS_L1BOA 的搜索效率。如果间隔设置过小,规则进化进行得过于频繁,那么算法所消耗的运算时间将显著增加。这是由于学习贝叶斯网络的计算开销较大所致。根据图 11.7 所示的结果,当 $\kappa=10$ 的时候,算法需要的运行时间最少。此种设置在保证规则进化效率的同时,尽可能地降低了学习贝叶斯网络对训练开销的负面影响。

图 11.7　pLCS_L1BOA 的性能随规则进化间隔变化的情况

11.9　本章小结

对于学习分类器而言,在处理许多复杂问题(如特征间紧密联接)时,传统的遗传算子不能保证学习分类器对于规则空间的有效搜索。甚至在一些情况下,传统的遗传算子将破坏特征间的联接关系,导致学习分类器无法完成预期的求解任务。为了提高搜索效率,本章提出了基于分布估计算法的分类器进化算法。相比于现有的 Pittsburgh 式学习分类器,该算法有以下 3 个特点:①将分类器的进化过程划分为规则进化和规则集进化两个层次。规则层次的进化过程利用 L1BOA 实现。规则集层次的进化过程保留已有的规则结构。上述的设计从不同层次提高了学习分类器对规则空间的搜索效率。②在规则进化的过程中,本章从特化和泛化两个方面对规则的适应度进行考察。其中,特化性能和泛化性能分别通过规则在其适用范围内、外的分类准确率来衡量。而规则的适应度则表示成为这两项指标的加权和。由于这样的适应度能够更为准确地反映规则的预测性能,从而有助于提高规则的进化效率。③本章采用了与 GAssist 有本质区别的预测产生机制。在本章提出的算法中,分类器中的所有规则都需要同样本进行比较。如果与样本匹配的若干规则的预测结果不一致,分类器则采用特化性能最优规则的预测结果。

为了评价所提出算法的性能,本章从预测水平、训练开销和结果复杂度 3 个方面对 pLCS_L1BOA 、pLCS_BOA 和 GAssist 进行了比较。对构造的二分类问题和实际问题进行的实验表明:与 GAssist 和 pLCS_BOA 相比,pLCS_L1BOA 能够以更少的迭代次数和规则比较次数获得更高的分类准确率;与其他当前被广泛采用的分类算法相比,pLCS_L1BOA 同样能够获得较好的分类效果。

第 12 章
面向学习分类器的嵌入式特征选择算法

12.1 概　　述

在许多实际的分类问题中,样本数据往往包含着与类别不相关的、冗余的特征。这些特征将对分类算法的预测性能和训练开销产生诸多不利的影响[217]。即使在不包含冗余特征的理想样本数据中,各个特征对类别分布的表征能力也有着明显的差异。因此,在样本数据的特征全集中选择最有利于分类器训练的特征子集,即特征选择技术,成为提高分类算法预测性能的有效途径之一。对于学习分类器,因为判断规则与样本是否匹配的过程占据了 $65\%\sim85\%$ 的训练开销[216],而采用特征选择技术将减少规则与样本匹配过程中所涉及的特征数目,所以特征选择不仅能提高学习分类器的预测性能,还对减少其训练过程中的计算开销有着直接的积极意义。

在第 11 章提出的 pLCS_L1BOA 中,分类器的进化被分为规则和规则集两个层级。规则层次的进化过程通过建立表征优势规则分布的概率模型并对模型随机采样的方式来实现。因此,pLCS_L1BOA 所获得的关于各个特征的统计信息及特征间的关联关系,将有助于在规则进化的同时从特征全集中挑选出更有效描述类别分布的特征子集,从而能够提高其分类准确率,并减少其训练过程中的计算开销。

鉴于上述的观察和分析,本章在第 11 章工作的基础上,提出了面向学习分类器的嵌入式特征选择算法。嵌入式包含了两层含义:①特征选择的过程被嵌入到规则进化的过程当中,从而冗余特征在分类器训练的过程中被逐步删除;②特征选择所依据的统计信息不是源于训练样本数据,而是来源于当前规则群体。具体地说,在每轮规则进化迭代中,该方法首先根据当前的规则群体计算各个特征的冗余度,并据此选择出待删除的特征;然后,根据当前建立的用于引导规则重组的贝叶斯网络计算各候选特征的 Markov Blanket,考察特征间的关联关系,并据此决定最终所要删除的特征。对包含冗余特征的构造问题和实际问题进行的实验表明:整合了嵌入式特征选择算法的 pLCS_L1BOA(称为 pLCS_L1BOA_FR)较原有的 pLCS_L1BOA 分类准确率更高,训练过程的计算开销更少;与其他特征选择算法相比,在所选特征规模相同的情况下,嵌入式特征选择算法能够使 pLCS_L1BOA 获得更高的分类准确率。

本章后续部分组织如下:12.2 节将简要介绍与本章相关的研究工作;12.3 节将介绍所提出算法的整体框架;12.4 节将详细讨论算法的各关键步骤;12.5 节将介绍如何将特征选择算法嵌入至规则进化的过程中;12.6 节和 12.7 节将介绍为评价所提出算法而设计的实验并对结果进行分析;12.8 节总结本章的主要内容。

12.2　本章相关工作

目前,根据特征选择算法与分类算法结合方式的不同,特征选择算法一般可以分为以下三类[218]:包装器式方法(Wrapper Methods)[219]、过滤器式方法(Filter Methods)[220]和嵌入式方法(Embedded Methods)[221]。包装器式方法将特征选择视为组合优化问题。该类方法根据给定的分类器,在特征全集内比较各个特征子集所产生的预测水平,从而选择出预测性能最好的子集作为特征选择的结果。过滤器式方法将特征选择视为与训练分类器无关的样本数据预处理过程。该类方法首先按照某种测度计算训练样本中各个特征与类别之间的关联程度。随后,删除关联程度较弱的特征,从而达到特征选择的目的。较包装器式方法,过滤器式方法的计算效率更高,但往往获得的特征选择结果逊于包装器式方法。与前两类方法不同,嵌入式方法将特征选择过程与分类器的训练过程相融合。因此该类方法需要根据分类器的特点设计特征选择过程。

在现有的特征选择算法中,参考文献[44,222,223]等都采用了学习贝叶斯网络并在此基础上计算 Markov Blanket 的方式。但是,这些方法都属于过滤器式方法。因此,它们都在训练分类器之前以数据预处理的形式完成特征选择任务。而在本章所提出的算法中,特征选择被嵌入在分类器训练的过程中,因此冗余特征将在分类器进化的过程中被逐步删除。可见,本章所提出的算法与上述文献中的算法有着本质的区别。一些研究者针对学习分类器自身的特点提出了其他的特征选择算法。对于Michigan 式学习分类器,参考文献[224,225]提出了一种多种群协同进化的学习分类器(称为 CoXCS)。在 CoXCS 中,全体特征被划分为若干特征子集。而学习分类器中的分类器种群也被划分为若干相互独立的分类器子种群。这些分类器子种群在指定的特征子集中完成训练任务,从而实现特征选择的目的。对于 Pittsburgh 式学习分类器,参考文献[32]提出了一种基于变异算子的特征选择算法。虽然都是根据学习分类器自身特点设计特征选择过程,但是上述两项工作与本章的算法有着明显的区别:尽管 CoXCS 与本章算法都采用了嵌入式特征选择的设计思想,但CoXCS 使用了协同进化的框架,其中的特征选择过程更接近于包装器方法,而在本章提出的算法中,选取和删除冗余特征的过程与过滤器式方法更为相似;相比参考文献[32]的工作,由于本章算法采用分布估计算法实现规则重组,其中没有变异算子的参与,因此本章算法与参考文献[32]中的方法同样有着本质的区别。

12.3 算法框架介绍

由第 11 章的介绍可知,在 pLCS_L1BOA 中,分类器的进化被分为规则和规则集两个层次。其中,规则层次的进化过程利用 L1BOA ,以建立表征优势规则分布的贝叶斯网络并对其采样的方式来实现。而本章所提出的特征选择算法将嵌入到规则进化的过程中,其基本流程如图 12.1 所示。首先,该算法首先根据当前的规则群体计算各个特征的冗余度,并将冗余度较大的特征按照冗余度从大到小的顺序放入待删除队列 L。其次,根据在规则进化中已经建立的贝叶斯网络计算 L 中各个特征的 Markov Blanket 。然后,按照 L 中的顺序依次将队首特征 Markov Blanket 所包含的各个特征从 L 中移除,即在特征全集中保留这些特征。最后,将 L 中所有剩余的特征从特征全集中删除。本章下一节,将对上述各主要步骤进行详细讨论。

图 12.1 面向学习分类器的嵌入式特征选择算法流程图

12.4 嵌入式特征选择算法

12.4.1 特征冗余度计算

根据 11.3 节关于分类器知识表示方法的介绍,如果规则 r 中某个特征 F_i 可以选取 F_i 的所有可取值,同时并不影响该规则的预测性能,那么特征 F_i 相对于规则 r 是冗余的。规则 r 条件部分中关于特征 F_i 的检查项 t_i 表示为 F_i 若干可取值的析取范式(见式(11.3))。对 t_i 进行二进制编码时,如果特征 F_i 的某个可取值 f_i^j 属于 r 中该特征可取值的集合 $\mathrm{cover}(r, F_i)$,即 $f_i^j \in \mathrm{cover}(r, F_i)$,那么该可取值对应的编码为 1;反之,编码为 0(见式(11.4))。当 t_i 的编码全部为 1 时,表明 r 中特征 F_i 可取值构成的集合与 F_i 所有可取值构成的集合相等,即 $\mathrm{cover}(r, F_i) = S_i$。这意味着,对于样本 x,无论其特征 F_i 的取值如何,规则 r 对特征 F_i 的检查项取值均为真。根据式(11.2),此时规则 r 与样本 x 是否匹配与特征 F_i 无关。换句话说,在规则 r 中,特征 F_i 是冗余的。对于 11.3 节的例子,r_{example} 与特征 A 无关,即特征 A 相对于 R_{example} 是冗余的。根据上述讨论,特征检查项的编码是否全部为 1,是判断该特征相对于规则是否冗余(或者称规则与该特征无关)的充分条件。

由于学习分类器通过规则/规则集群体的进化训练分类器,因此某项特征相对于单独一项规则冗余,不足以说明该特征对于整个学习分类器也冗余。如果某项特征对于所有规则都冗余,那么该项特征对于整个学习分类器的预测性能不会有任何贡献。在实际问题中,这样的情况不容易出现。一般地,某项特征的冗余性将会反映在规则群体的部分规则中。

因此,可以根据与特征 F_i 无关的规则在规则群体中的所占比例来度量特征 F_i 的冗余度。

$$r(F_i) = \alpha(F_i)/N \qquad (12.1)$$

其中,$\alpha(F_i)$ 和 N 分别表示与特征 F_i 无关的规则数和规则群体的规模。本章提出的算法将根据优选后的规则种群计算各项特征的冗余度,因此 N 表示优选后的种群规模。

　　根据式(12.1),如果特征 F_i 的冗余度大于某个阈值 $\tau(0 \leqslant \tau \leqslant 1))$,那么该特征即被视为待删除的候选特征。所有候选特征将根据其冗余度并按照从大到小的顺序依次放入队列 L 中,即 $L = \{F_i \mid r(F_i) > \tau\}$。最终删除的冗余特征将从 L 中产生。

　　对于产生待删除特征的阈值 τ,其数值应当大于或等于规则初始过程中编码取 1 的概率 p_{one},即 $\tau \geqslant p_{one}$。这是因为,规则在初始化并经过若干轮迭代后,如果某项特征的冗余度小于 p_{one},那么该特征若干可取值所对应的编码整体上从 1 变为 0。这样的变化意味着,在规则群体中该特征的不同可取值能够较好地反映样本所属的类别。换句话说,该特征对于类别分布有着较强的表征能力。反之,在规则进化的过程中,如果某项特征的冗余度大于 p_{one},那么该特征对应的编码在初始化后从 0 逐渐变为 1。这表明,在规则群体中该特征的不同取值对类别的表征能力基本一致。由于其描述类别分布的能力有限,这样的特征当视为冗余特征。综合上述,为了在特征选择的过程中保留具有较强的表征类别分布能力的特征,应当有 $\tau \geqslant p_{one}$。

12.4.2　特征关联度计算

　　根据 12.4.1 节的介绍可知,在计算各个特征冗余度并获得待删除的候选特征后,需要从队列 L 中选择出最终需要删除的特征。在理想情况下,最终删除冗余特征包括两种情况。第一种情况:特征 F_i 对描述类别的分布有贡献,但是由于与其他特征所表达的信息重复,因此该特征相对于其他某些特征冗余。此时,如果在删除该特征的同时也删除了其他表达重复信息的特征,那么将导致分类器的预测性能下降。为了避免上述情况发生,需要确定特征间的关联关系。具体地说,对于 L 中的各个特征 F_i,需要在全体特征中寻找与之存在关联关系的特征集合 $RS(F_i)$。如果 $V = RS(F_i) \cap L \neq \varnothing$,那么需要将 V 所含的特征从 L 移除,即在全体特征集合中保留 V 所含的特征。第二种情况:特征 F_i 对描述类别的分布没有贡献,因此该特征相对于特征全体冗余。此时,直接删除特征不会对分类器的预测性能产生不利影响。需要指出的是,如果特征 F_i 与其他特征相互独立,即 $RS(F_i)=\varnothing$,那么 $RS(F_i)\bigcap L=\varnothing$,此时按照第一种情况处理,队列 L 不会发生变化;如果特征 F_i 与某些特征关联,即 $RS(F_i)\neq\varnothing$,那么按照第二种情况处理,同样不会对预测性能产生负面影响。可见,在产生待删除的候选特征后,需要明确特征间的关联关系,从而避免特征选择对预测性能可能产生的不利影响。

为了确定特征间的关联关系,计算特征的 Markov Blanket(MB)[44] 是最为常用的方法之一。某个特征的 MB 是使得该特征与其他特征条件独立的特征子集[226]。换句话说,对于某一特征 F_i,特征全体 S_F 上的子集 $M_i(F_i\notin M_i)$ 是 F_i 的 MB 当且仅当在 M_i 条件下,F_i 和 $S_F-M_i-\{F_i\}$ 独立[44]。

$$p(S_F-M_i-\{F_i\}|\{F_i\},M_i)=p(S_F-M_i-\{F_i\}|M_i) \quad (12.2)$$

对于特征选择而言,MB 表示了与目标特征强关联的特征集合。这些特征包含了所有与目标特征相关的信息,且这些信息不能从其他特征获得[45,222]而在贝叶斯网络中,某个节点的 MB 包括该节点的父节点、子节点以及该节点子节点的其他父节点[223]。假设贝叶斯网络结构如图 12.2 所示,那么,节点 a_1 的 MB 包含了 b_2、c_1、e_1 和 e_3,节点 a_2 的 MB 包含了 b_3、c_4 和 f_3。

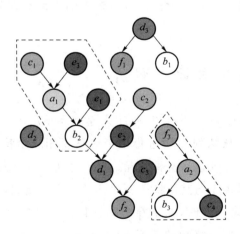

图 12.2　贝叶斯网络中 *Markov Blanket* 示意图

根据 11.4.2 小节的介绍,规则进化过程中建立了用于描述特征间关系的贝叶斯网络,并据此引导规则的重组。因此,可以根据该网络计算各个特征的 MB,从而使得已知的关于特征的统计信息得到充分利用。但是,在规则重组过程所建立的贝叶斯网络中,每个节点对应某项特征的一个可取值。所以无法从贝叶斯网络直接得到各个特征的 MB 。在本章中,特征 F_i 的 MB(记作 MB(F_i))将在其所有可取值的 MB 并集 MB$_{joint}$ 的基础上产生。由于 MB$_{joint}$ 仍然由若干特征的可取值组成,所以将 MB$_{joint}$ 中各可取值所属的特征构成的集合作为 MB(F_i)。随后,从 L 中除去 MB(F_i)中的各个特征,从而在全体特征集合中保留这些特征。之所以采取这样的策略,是因为在本章提出的特征选择算法中被误删除的特征无法挽回,而未被删除的冗余特征却可以在后续的特征选择过程中被删除。综合上述,根据规则进化过程得到的贝叶斯网络,特征 F_i 的 MB 为:

$$MB(F_i) = \{F_j \mid S_j \bigcap MB_{joint}(F_i) \neq \varnothing\} \qquad (12.3)$$

其中,S_j 表示特征 F_j 的所有可取值构成集合,MB$_{joint}(F_i)$ 表示特征 F_i 各个可取值 f 的 MB 的并集

$$MB_{joint}(F_i) = \bigcup_{f \in S_i} MB(f) \qquad (12.4)$$

仍然以图 12.2 所示的贝叶斯网络为例,其中主标相同的节点表示同一特征的不同可取值(例如 a_1 和 a_2 分别表示特征 A 的两个可取值)。由于 $MB(a_1) = \{b_2, c_1, e_1, e_3\}$,$MB(a_2) = \{b_3, c_4, f_3\}$,所以特征 A 的 MB 包括特征 B、C、E 和 F。

12.5　特征选择与学习分类器整合

根据 12.4.1 小节和 12.4.2 小节的介绍,本章所提出的面向学习分类器的嵌入式特征选择算法的基本流程如算法 12.1 所示。其中第 1～5 行用于计算各个特征的冗余度,并产生用于保存待删除特征的队列 L;第 6～14 行展示了如何根据描述当前规则种群中变量链接关系的贝叶斯网络来确定最终所要删除的特征。

将算法 12.1 嵌入规则进化过程,进而与学习分类器框架整合时,需要明确如何将特征选择结果传递给规则群体。或者说,当算法 12.1 已经产生需要删除的冗余特征时,如何确定删除冗余特征的时机。一种简单的方法,是在算法 12.1 执行后,立即移除规则中代表冗余特征各可取值的布尔变量,从而在新规则产生(即采样贝叶斯网络)之前删除冗余特征。此时,由于冗余特征不参与贝叶斯网络的采样过程,所以产生子代规则所需要的计算开销将在最大程度上得到约简。但是,这样的策略将破坏贝叶斯网络的采样过程。这是因为 pLCS_L1BOA 及 pLCS_BOA 采用前向采

样方法[169]随机采样贝叶斯网络产生新规则(见 11.4.2 小节)。如果冗余特征在此之前被删除,那么贝叶斯网络中表示特征可取值的节点之间的拓扑顺序将出现断裂,进而破坏各个节点的条件分布概率表,导致采样过程无法顺利进行。因此,本章在利用算法 12.1 产生冗余特征后,将冗余特征保留至贝叶斯网络采样过程完毕。换句话说,在利用贝叶斯网络引导规则重组的过程中,网络结构保持不变。随后,在将规则拼装成规则集之前,即执行算法 11.2 之前,将冗余特征从所用规则中删除。根据上述讨论,将特征选择过程嵌入第 11 章提出的算法 11.1 中,得到算法 12.2。其中表示第 5 行和第 7 行分别表示了冗余特征的选择和删除过程。

算法 12.1　嵌入式特征选择算法,$\mathrm{fs}(P_r, \mathfrak{B}, \mathfrak{D})$

Input：规则种群，P_r；贝叶斯网络，$\mathfrak{B}$；样本数据，$\mathfrak{D}$；

Output：冗余特征集合，**Redu**；

1　**Redu** $\leftarrow \varnothing$

2　**for** $\mathfrak{D}$ 中的特征 F_i **do**

3　　根据 P_r 由式(12.1)计算特征冗余度 $r(F_i)$

4　**end for**

5　$L \leftarrow \{F_i \mid r(F_i) > \tau\}$

6　**if** $L \neq \varnothing$ **then**

7　　按照特征冗余度对 L 降序排列

8　　**repeat**

9　　　$F' \leftarrow L$ 队首特征

10　　根据 B 由式(12.3)计算 $\mathrm{MB}_{F'}$

11　　$L \leftarrow L - \mathrm{MB}_{F'}\{F'\}$

12　　$\mathrm{Redu} \leftarrow \mathrm{Redu} \bigcup \{F'\}$

13　**until** $L = \varnothing$

14　**end if**

15　**return** Redu

综合上述,整合嵌入式特征选择算法的 pLCS_L1BOA 和 pLCS_BOA(分别称为 pLCS_L1BOA_FR 和 pLCS_BOA_FR)整体流程如算法 12.3 所示。该算法与第 11 章算法 11.3 的主要区别在第 6 行(其细节见算法 12.2)。需要指出是,由于特征选择嵌入在规则进化的过程中,根据

11.6 节的介绍,规则进化每隔若干轮迭代进行一次,因此算法 12.1 也将在若干轮迭代中执行一次。

12.6 实 验 设 置

12.6.1 测试数据

为了对所提出的嵌入式特征选择算法进行评价,本章根据 11.7.1 小节中介绍的 Multiplexer 问题设计了带冗余特征的 Multiplexer 问题 (Redundant Multiplexer Problem,RMP)。其输入为

$$A_{k-1} \cdots A_1 A_0 D_{2^k-1} \cdots D_1 D_0 R_{r-1} R_{r-2} \cdots R_0 \qquad (12.5)$$

其中,$A_i(0 \leqslant i < k)$ 和 $D_i(0 \leqslant i < 2^k)$ 的意义,以及输出的判断方法均与 Multiplexer 问题相同。而式(12.5)中 $R_i(0 \leqslant i < r)$ 表示冗余位。各冗余位的值随机取 0 或 1,但是它们不影响输出结果。本章实验将在 MP-11 问题的基础上构造含有 $r = \{1, 2, 4, 8, 16\} \times 11$ 位冗余特征的 RMP 问题,其中含有 r 位冗余特的 MP-11 问题表示为 RMP11-r。实验所涉及的 RMP 问题的基本属性如表 12.1 所示。除 RMP 问题外,本章实验仍然选取 11.7.1 小节所介绍的 21 组 UCI 数据集作为评价对象(见表 11.3)。

算法 12.2 嵌入特征选择的规则进化算法,ruleEvo_FR(P_{rs}, $\mathfrak{D}$)

Input:规则集种群,P_{rs};样本数据,$\mathfrak{D}$;

Output:规则种群,P_r;

1   $P_r \leftarrow \{r \mid r \in rs_i, rs_i \in P_{rs}\}$

2   根据 $\mathfrak{D}$ 由式(11.9)评价 P_r 中各个规则

3   $S \leftarrow P_g$ 中优势规则

4   $\mathfrak{B} \leftarrow$ 根据 S 学习贝叶斯网络

5   Redu $\leftarrow f_s(P_r, \mathfrak{B}, \mathfrak{D})$

6   $O \leftarrow$ 采样 $\mathfrak{B}$

7   删除 **Redu** 中所有规则

8   根据式(11.9)评价 O 中各个规则

9   $P_r \leftarrow$ 根据 O 利用 **RTR** 更新 P_r

10   return P_r

算法 12.3　pLCS_L1BOA_FR、pLCS_BOA_FR 算法流程

Input：样本数据，$\mathfrak{D}$；

1　$t \leftarrow 0$

2　$P_{rs}^t \leftarrow$ 随机生成规则集种群

3　评价 P_{rs}^t 中各个规则集

4　**repeat**

5　**if** $\mathrm{mod}(t, \mathrm{inter}) = 0$ **then**

6　$P_r \leftarrow$ **ruleEvo FR**$(P_{rs}^t, \mathfrak{D})$

7　$P_{rs}^t \leftarrow$ **ass**$(P_{rs}^t, P_r, \mathfrak{D})$

8　**end if**

9　$P_{rs}^{t+1} \leftarrow$ 评价并重组 P_{rs}^t

10　$t \leftarrow t+1$

11　**until** 满足结束条件

12　P_{rs}^t 中性能最优的规则集被视为最终的分类器

表 12.1　RMP 问题的基本属性信息

数据集	样本数	特征数	冗余特征数
MP-11	2 048	11	0
RMP11-11	2 048	22	11
RMP11-22	2 048	33	22
RMP11-44	2 048	55	44
RMP11-88	2 048	99	88
RMP11-176	2 048	187	176

12.6.2　比较对象

除代表 Pittsburgh 式学习分类器的 GAssist 外，本章实验将继续选择 12.7.2 小节中（见表 11.4）的 5 种经典分类算法作为比较对象。本章还将选取两种目前广泛使用的过滤器式特征选择算法：InfoGain（IG）[4] 和 ReliefF（RF）[227]。其中，InfoGain 算法利用信息论的相关概念，通过特征的信息增益值来评价特征与类别的相关度，信息增益值低的特征将被视为冗余的特征。而 ReliefF 算法则通过特征对同类别样本点的聚集程度来评价特征的冗余度。利用该算法进行特征选择后,同类别的样本点将在特征空间内尽量接近,同时不同类别的样本点将彼此远离。

12.6.3 评价指标

本章的实验除使用 11.7.3 小节中介绍的 4 项指标外,还将使用特征比较次数和特征约简率两项指标。其中,前一项指标用于进一步分析学习分类器训练过程中的计算开销,而后一项指标用于评价算法的特征选择性能。

(1) 特征比较次数

由 11.3 节的介绍可知,Pittsburgh 式学习分类器中每项规则的条件部分由若干特征检查项组成(如式(11.2)所示)。因此,判断某项规则与样本是否匹配,需要逐一判断规则中各个特征所对应的检查项与样本中该特征取值的匹配状况。在本章实验中,上述针对某一项特征的判断过程称为特征比较。本章实验将统计训练过程中学习分类器所进行的特征比较的总次数。该数值越小,表明算法的训练开销越低。与 11.7.3 小节中所使用的规则比较相比,一次规则比较将包括若干次特征比较(特征比较和规则比较的关系如图 12.3 所示)。因此较规则比较次数,特征比较次数将在更低粒度级别上反映训练过程的计算开销。进一步,因为规则比较次数所在的粒度级别低于迭代次数,所以在 3 种表征训练过程计算开销的指标中,特征比较次数所反映的粒度层次最细。这意味着,该指标对于训练开销的分析和比较更具说服力。需要指出的是,对于不带特征选择的算法,包括 pLCS_L1BOA、pLCS_BOA 以及 GAssist,其特征比较次数等于规则比较次数与特征数的乘积。

图 12.3　规则比较与特征比较关系图

(2) 特征约简率

该指标将考察 pLCS_L1BOA_FR 和 pLCS_BOA_FR 删除冗余特征

的能力。其数值等于训练过程中算法所删除特征的数目与特征总数的比值。在获得相同分类准确率的情况下,该比值越高,表明算法删除冗余特征的能力越强。

12.6.4 参数设置

在 pLCS_L1BOA_FR 和 pLCS_BOA_FR 中,特征冗余度的阈值设置为 $\tau = 0.90$[①]。这两种算法中其他参数的配置情况分别与 pLCS_L1BOA 和 pLCS_BOA 相同,具体信息可见第 11 章表 11.5。

12.7 实 验 结 果

12.7.1 构 造 问 题

对于 RMP 问题,各方法的分类准确率结果如表 12.2 所示。可以看出,对于 RMP 问题,pLCS_L1BOA 和 pLCS_BOA 在整合嵌入式特征选择算法后,其分类准确率都有了明显的提高。而分类准确率的提高程度随着问题中冗余特征数目的增加而增加。这表明,当处理包含冗余特征的分类问题时,嵌入式特征选择算法能够有效提高 pLCS_L1BOA 和 pLCS_BOA 的预测性能。同时,由表 12.2 列出的关于分类器所包含规则数目的结果可知,这些算法在 RMP 问题上的结果复杂度没有明显的区别。

表 12.2 RMP 问题上,各算法的分类准确率与所获得分类器中的规则数目

	数据集	GAssist	pLCS_BOA	pLCS_BOA_FR	pLCS_L1BOA	pLCS_L1BOA_FR
分类准确率	MP11	**100.00±0.00**	**100.00±0.00**	**100.00±0.00**	**100.00±0.00**	**100.00±0.00**
	RMP11-11	98.23±1.42	98.75±1.97	**98.89±2.35**	98.64±2.12	98.81±1.89
	RMP11-22	94.03±1.39	94.20±1.26	**95.29±1.54**	94.72±1.33	95.13±1.58
	RMP11-44	89.64±1.68	89.42±2.09	91.02±1.84	89.87±1.63	**91.21±1.87**
	RMP11-88	85.05±2.01	84.93±1.89	**87.79±2.31**	84.72±1.10	87.43±1.74
	RMP11-176	82.17±2.22	82.28±2.30	85.92±1.55	82.64±1.47	**86.03±1.68**

---

① 关于该参数的分析见 12.7.3 小节的介绍。

续 表

数据集		GAssist	pLCS_BOA	pLCS_BOA_FR	pLCS_L1BOA	pLCS_L1BOA_FR
规则数	MP11	**9.34±0.94**	9.62±0.87	9.53±0.67	9.72±0.84	9.67±0.90
	RMP11-11	**9.53±1.03**	9.85±1.29	9.89±1.12	9.64±2.12	9.98±1.24
	RMP11-22	10.7±1.39	11.2±1.26	10.9±1.47	**9.79±1.73**	10.1±1.23
	RMP11-44	12.6±1.82	13.4±1.91	12.9±1.84	**11.8±1.85**	13.2±1.49
	RMP11-88	14.9±1.60	**14.0±1.89**	15.7±1.61	14.7±1.72	15.4±1.97
	RMP11-176	16.3±1.79	17.4±12.0	**15.9±1.69**	17.0±1.96	16.7±1.78

表 12.3 显示了对于 RMP 问题，各个算法在训练过程所需要的迭代次数、规则比较次数和特征比较次数。通过这些实验结果不难看出，嵌入式特征选择算法并没有显著降低迭代次数和规则比较次数两项指标。但是对于每个 RMP 问题，pLCS_L1BOA 和 pLCS_BOA 在整合嵌入式特征选择算法后其特征比较次数都有了明显地减少。总体上，特征比较次数减少了 20% 左右。根据 12.6.3 小节的介绍可知，在 3 种表征训练开销的指标中，特征比较次数所反映的粒度层级最低。因此，本章所提出的嵌入式特征选择算法能够有效地降低 pLCS_L1BOA 和 pLCS_BOA 在训练过程中的计算开销。

表 12.3　RMP 问题上，各算法训练过程的计算开销

	数据集	GAssist	pLCS_BOA	pLCS_L1BOA	pLCS_BOA_FR	pLCS_L1BOA_FR
迭代次数 ×10^1	MP-11	22.7±6.41	**16.4±4.41**	17.0±3.73	18.6±5.17	19.3±4.37
	RMP11-11	38.2±6.11	30.7±6.73	**29.1±6.14**	38.8±6.28	36.4±5.84
	RMP11-22	84.4±10.4	74.6±11.4	**69.3±12.8**	91.8±12.8	84.8±9.76
	RMP11-44	167±35.3	138±34.7	**118±41.9**	195±33.9	164±37.1
	RMP11-88	495±73.7	**383±64.7**	414±59.9	598±65.9	604±67.4
	RMP11-176	911±124	738±96.4	**719±103.4**	1092±94.3	947±106
规则比较次数 ×10^9	MP-11	0.04±0.02	**0.03±0.02**	**0.03±0.02**	**0.03±0.01**	**0.03±0.02**
	RMP11-11	0.13±0.02	0.12±0.01	**0.11±0.01**	0.13±0.02	0.12±0.01
	RMP11-22	0.64±0.11	0.59±0.10	**0.55±0.12**	0.70±0.13	0.65±0.15
	RMP11-44	3.24±1.22	2.91±1.21	**2.84±1.43**	3.75±1.90	2.99±1.34
	RMP11-88	13.4±2.39	**11.4±2.39**	12.6±2.82	15.1±3.65	14.9±3.03
	RMP11-176	137±10.9	117±9.25	**108±8.56**	158±16.5	111±10.7

	数据集	GAssist	pLCS_BOA	pLCS_L1BOA	pLCS_BOA_FR	pLCS_L1BOA_FR
	MP-11	0.04±0.02	**0.03±0.02**	**0.03±0.02**	**0.03±0.01**	**0.03±0.01**
特征	RMP11-11	0.29±0.02	0.26±0.02	0.24±0.02	0.23±0.02	**0.20±0.02**
比较	RMP11-22	2.12±0.24	1.94±0.18	1.81±0.17	1.75±0.20	**1.61±0.14**
次数	RMP11-44	28.8±6.70	26.5±5.90	25.6±5.76	19.5±4.50	**18.4±5.07**
×10^{10}	RMP11-88	132±23.7	113±39.1	125±46.1	88.6±14.1	**90.7±20.0**
	RMP11-176	2 567±204	2 194±173	2 025±160	1 513±132	**1 470±174**

　　pLCS_L1BOA_FR 和 pLCS_BOA_FR 在 RMP 问题上的特征约简率如表 12.4 所示。根据这些数据不难看出,两种算法的特征约简率随着问题中冗余特征占比的提高而提高,说明了两种算法的特征约简能力都有着较好的可扩展性。另外,在 5 组 RMP 问题上,pLCS_L1BOA_FR 的特征约简率有 4 组高于 pLCS_BOA_FR。这表明前者的特征选择能力更强。之所以出现这样的现象,是由于 pLCS_L1BOA_FR 利用 L1BOA 算法实现规则进化,其建立的贝叶斯网络更好地描述了特征间的关联关系,从而为特征选择提供了更可靠的依据。

表 12.4　RMP 问题上,pLCS_BOA_FR 和 pLCS_L1BOA_FR 的特征选择结果

数据集	约简特征数		约简率	
	pLCS_BOA_FR	pLCS_L1BOA_FR	pLCS_BOA_FR	pLCS_L1BOA_FR
RMP11-11	7.48±1.09	**7.81±1.09**	34.00%	**35.50%**
RMP11-22	13.04±2.17	**13.64±3.05**	39.52%	**41.33%**
RMP11-44	**25.57±4.45**	24.79±5.91	**46.49%**	45.07%
RMP11-88	48.72±9.30	**49.61±11.48**	49.21%	**50.11%**
RMP11-176	96.94±21.54	**102.87±22.92**	51.84%	**55.01%**

12.7.2　实际问题

　　对于 UCI 数据集,pLCS_L1BOA_FR 和 pLCS_BOA_FR 的各项实验结果如表 12.5 所示。本节首先考察这两种算法和表 11.9 所涉及的 8 种算法在预测性能上的优劣。将表 12.5 中分类准确率的结果与表 11.9 整合,10 种方法在各组 UCI 数据集上分类准确率的排序结果如表 12.6 所示。根据这些结果可以看出,嵌入式特征选择算法提高了第 11 章提出的 pLCS_L1BOA 以及 pLCS_BOA 两种算法的预测性能。进一步地,实验同样对各算法的分类准确率进行了显著性检验,结果如表 12.7 所示。不难看出,pLCS_L1BOA_FR 和 pLCS_BOA_FR 的分类准确率较其他 8 种方法都有着显著的优势。而这两种算法的预测性能没有统计意义上的区别。

表 12.5 UCI 数据集上，pLCS_BOA_FR 和 pLCS_L1BOA_FR 的各项实验结果

数据集	分类准确率		迭代次数(×10^1)		规则比较次数(×10^8)		规则数	
	pLCS_BOA_FR	pLCS_L1BOA_FR	pLCS_BOA_FR	pLCS_L1BOA_FR	pLCS_BOA_FR	pLCS_L1BOA_FR	pLCS_BOA_FR	pLCS_L1BOA_FR
aus	86.59±2.35	86.70±2.51	47.2±27.4	45.3±25.7	1.65±0.87	1.52±0.47	7.62±0.27	6.04±0.94
che	96.29±1.54	96.35±1.41	39.4±22.2	26.5±7.57	4.74±0.35	3.56±0.84	9.74±0.67	5.70±0.82
cre	87.32±1.84	92.74±1.32	58.6±28.1	23.8±6.47	1.98±8.87	0.94±0.16	5.29±0.26	5.70±1.16
dia	77.79±2.31	77.56±1.32	49.2±20.7	40.4±7.45	1.18±0.17	0.96±0.21	5.42±0.13	5.17±1.04
ger	71.92±1.55	71.43±1.46	50.5±27.5	42.7±16.4	4.93±0.11	3.91±0.18	6.15±0.45	11.7±2.93
hab	78.25±1.82	78.24±1.73	10.8±4.02	7.31±2.47	0.28±0.10	0.04±0.01	2.39±0.10	4.40±1.35
heart	80.49±4.15	82.03±5.86	54.1±32.4	41.0±26.7	0.83±0.07	0.64±0.13	7.05±0.12	7.60±1.08
hep	84.41±2.82	80.32±1.26	19.7±13.8	9.17±1.45	0.17±0.09	0.07±0.02	3.49±0.13	3.60±1.17
hill	56.96±1.43	56.84±1.35	564±105	549±116	23.8±6.12	21.5±5.91	12.5±2.72	12.9±2.64
ion	91.69±3.20	91.67±2.46	15.1±5.98	17.0±4.21	0.40±0.04	0.35±0.06	6.23±0.59	7.01±2.67
liv	68.45±2.46	68.68±2.19	30.3±18.3	28.5±1.78	0.50±0.01	0.24±0.05	4.83±0.18	4.90±0.57
monk	100.00±0.00	100.00±0.00	9.10±4.27	9.64±3.36	0.21±0.01	0.22±0.03	4.95±0.14	5.02±0.06
mush	99.97±0.02	100.00±0.00	17.2±10.7	8.58±3.36	9.10±1.33	2.56±0.66	10.9±0.72	4.08±0.16
musk1	88.65±2.47	88.75±2.02	182±39.8	179±34.5	4.43±1.46	4.06±1.16	11.4±2.37	11.7±2.37
musk2	98.87±0.10	98.84±0.16	1002±218	1092±261	2483±123	2145±152	43.0±6.72	42.1±5.89
par	90.09±3.67	89.45±3.10	47.8 ±33.3	17.1±3.23	0.21±0.02	0.23±0.01	5.46±0.22	4.12±0.35
tic	96.72±2.13	96.65±2.35	22.3±5.18	25.4±6.12	3.16±0.45	3.82±0.36	14.1±0.83	17.8±0.74
tra	77.84±1.98	77.86±1.17	7.15±3.71	4.03±1.12	0.26±0.15	0.09±0.02	2.35±0.15	2.10±0.32
vote	97.32±2.42	97.47±1.78	45.2±28.0	14.1±1.07	0.29±0.10	0.27±0.11	3.62±0.12	4.10±0.32
wis91	96.91±1.17	96.41±0.57	23.5±26.3	10.1±4.17	0.57±0.11	0.38±0.16	4.12±0.13	4.88±0.65
wis95	93.16±1.89	93.51±1.86	22.7±5.67	26.2±10.7	0.69±0.25	0.79±0.21	7.33±0.57	5.02±0.82

表 12.6　UCI 数据集上，各算法分类准确率的排序

数据集	GAssist	pLCS BOA	pLCS L1BOA	NB	C4.5	PART	SVM	KNN	pLCS_BOA_FR	pLCS_L1BOA_FR
aus	6	4	5	8	7	9	9	3	2	1
che	5	7	4	10	2	3	3	9	8	6
cre	6	3	2	10	5	9	9	7	4	1
dia	8	5	6	4	10	9	9	7	1	2
ger	2	8	7	1	4	10	10	5	3	6
hab	5	3	3	6	9	7	7	10	1	2
heart	7	3	5	1	10	8	8	6	4	2
hep	5	1	4	2	10	7	7	6	3	8
hill	9	5	6	10	8	7	7	4	1	2
ion	8	3	4	5	6	7	7	10	1	2
liv	6	7	5	8	4	9	9	10	3	2
monk	9	7	1	10	1	8	8	1	1	1
mush	9	7	1	10	1	1	1	1	8	1
musk1	7	5	4	10	6	8	8	9	2	1
musk2	7	5	4	10	8	6	6	9	1	2
par	4	2	7	10	8	9	9	3	5	6
tic	4	1	4	10	9	8	8	7	2	3
tra	7	4	4	9	1	2	2	8	6	3
vote	6	7	3	10	4	4	4	9	2	1
wis91	6	5	7	1	9	8	8	4	2	3
wis95	6	7	5	3	9	4	4	2	10	8
平均排名	6.29	4.71	4.33	7.05	6.24	6.81	5.43	6.19	3.33	3.00
次序	8	4	3	10	7	9	5	6	2	1

表 12.7 UCI 数据集上,各算法分类准确率的显著性检验结果(显著水平 $\alpha = 0.05$)

比较对象	T-test	Wilcoxon test			结论①
	p-Value	W^+	W^-	p-Value	
pLCS_BOA_FR-GAssist	0.001 3	204	27	0.001 0	⊕
pLCS_BOA_FR-pLCS_BOA	0.009 4	164	67	0.044 3	⊕
pLCS_BOA_FR-pLCS_L1BOA	0.049 4	164	46	0.013 8	⊕
pLCS_BOA_FR-NB	0.000 9	208	23	0.000 6	⊕
pLCS_BOA_FR-C4.5	0.001 6	187	44	0.001 1	⊕
pLCS_BOA_FR-PART	0.000 1	211	20	0.000 4	⊕
pLCS_BOA_FR-SVM	0.013 1	186	45	0.012 5	⊕
pLCS_BOA_FR-KNN	0.002 1	188	42	0.001 0	⊕
pLCS_L1BOA_FR-GAssist	0.005 4	187	44	0.006 1	⊕
pLCS_L1BOA_FR-pLCS_BOA	0.026 8	185	46	0.007 5	⊕
pLCS_L1BOA_FR-pLCS_L1BOA	0.018 9	157	33	0.006 3	⊕
pLCS_L1BOA_FR-pLCS_BOA-FR	0.402 2	105.5	104.5	0.492 4	=
pLCS_L1BOA_FR-NB	0.000 9	206	25	0.000 8	⊕
pLCS_L1BOA_FR-C4.5	0.000 9	174	16	0.000 8	⊕
pLCS_L1BOA_FR-PART	0.000 2	192	18	0.000 6	⊕
pLCS_L1BOA_FR-SVM	0.010 8	152	38	0.010 9	⊕
pLCS_L1BOA_FR-KNN	0.003 3	161	29	0.004 0	⊕

注①:该列中各符号意义详见第 10 章表 10.3 注①。

对于 UCI 的各组数据集,GAssist 、pLCS_L1BOA 和 pLCS_BOA 算法的迭代次数和规则比较次数已经在 11.8.2 小节的表 11.11 中列出。pLCS_BOA_FR 和 pLCS_L1BOA_FR 的上述两项指标结果如表 12.5 所示。同时,表 12.8 展示了这 5 种算法的特征比较次数。与之前的讨论相同,表 12.9 列出了对表征训练开销的 3 项指标进行显著性检验的结果。对于迭代次数,pLCS_L1BOA_FR 和 pLCS_BOA_FR 仅少于 GAssist。与 pLCS_L1BOA 和 pLCS_BOA 相比,pLCS_L1BOA_FR 和 pLCS_BOA_FR 在迭代次数上没有统计意义的优势。甚至 pLCS_BOA_FR 的迭代次数在统计意义上还要大于 pLCS_L1BOA。而 pLCS_L1BOA_FR 的迭代次数要显著小于 pLCS_BOA_FR。对于规则比较次数,pLCS_L1BOA_FR 要显著小于 GAssist 但却大于 pLCS_L1BOA;而 pLCS_BOA_FR 与 GAssist 没有统计意义上的差别。在特征比较次数上,pLCS_L1BOA_FR

显著小于 pLCS_L1BOA,同时 pLCS_BOA_FR 也显著小于 pLCS_BOA。这意味着,加入嵌入式特征选择算法后,pLCS_L1BOA 和 pLCS_BOA 的特征比较次数都有着统计意义上的降低。而在 5 种算法中,pLCS_L1BOA_FR 的特征比较次数最少。由于特征比较次数在最低粒度层级表征了训练过程的计算开销,因此上述结果表明 pLCS_L1BOA_FR 的训练开销最低。对于所获得分类器中的规则数目,表 12.5 和表 12.9 所示的结果表明 5 种算法间没有明显的差别。

表 12.8　UCI 数据集上,各算法的特征比较次数($\times 10^8$)

数据集	GAssist	pLCS_BOA	pLCS_L1BOA	pLCS_L1BOA_FR	pLCS_L1BOA_FR
aus	27.5±3.07	39.3±9.95	17.2±6.02	14.1±7.21	**13.8±5.54**
che	141±45.3	120±48.7	137±78.5	**101±8.78**	114±14.5
cre	45.8±11.9	64.7±20.5	21.9±7.30	18.7±8.44	**10.3±3.88**
dia	10.4±0.95	8.62±3.77	**7.52±5.72**	9.12±0.93	9.27±1.82
ger	71.5±7.51	83.5±19.3	81.4±42.5	71.0±21.7	**69.4±24.5**
hab	1.38±0.46	0.88±0.33	0.15±0.11	0.68±0.23	**0.14±0.03**
heart	27.8±11.0	10.1±3.38	6.89±8.09	8.06±4.44	**5.66±3.06**
hep	5.24±1.37	1.79±0.97	0.76±1.60	1.49±0.62	**0.64±1.15**
hill	2 316±668	2 059±596	1 990±516	1 597±478	**1 504±427**
ion	11.0±4.15	9.32±3.88	8.50±6.80	8.71±1.50	**7.87±1.06**
liv	4.69±2.10	2.98±1.62	**1.38±1.24**	3.12±0.15	1.68±0.49
monk	0.79±0.47	**0.73±0.11**	0.84±1.02	0.87±0.08	0.96±0.26
mush	108±54.1	108±28.6	**26.8±9.49**	168±27.6	29.2±12.0
musk1	659±23.4	623±25.9	588±40.7	**465±38.6**	482±31.2
musk2	(3.85±0.54) $\times 10^5$	(3.59±0.65) $\times 10^5$	(3.38±0.49) $\times 10^5$	(3.09±0.47) $\times 10^5$	**(3.02±0.34)** $\times 10^5$
par	3.68±1.33	3.01±1.70	3.22±2.64	**2.91±0.30**	3.08±0.67
tic	39.9±7.73	31.0±0.62	33.4±8.50	**29.6±4.16**	30.1±3.49
tra	3.12±0.52	1.17±0.23	0.44±0.10	1.03±0.55	**0.41±0.13**
vote	4.53±1.25	2.98±0.40	2.88±0.65	2.78±0.71	**2.69±0.85**
wis91	6.65±0.85	4.97±0.47	3.78±0.34	4.54±0.20	**3.61±0.62**
wis95	94.8±13.3	14.3±0.58	13.2±10.4	9.84±2.91	**9.44±2.25**

表 12.9 以 UCI 数据集上,各算法训练过程中计算开销与结果复杂度的显著性检验结果
(显著水平 $\alpha = 0.05$)

指标	比较对象	T-test	Wilcoxon test			结论①
		p-Value	W^+	W^-	p-Value	
迭代次数	pLCS_BOA_FR-GAssist	0.012 5	50	181	0.010 9	⊖
	pLCS_BOA_FR-pLCS_BOA	0.034 6	157	74	0.072 1	+
	pLCS_BOA_FR-pLCS_L1BOA	0.001 1	220	11	0.000 1	⊕
	pLCS_L1BOA_FR-GAssist	＜0.000 1	3	228	＜0.000 1	⊖
	pLCS_L1BOA_FR-pLCS_BOA	0.446 5	92	139	0.202 2	=
	pLCS_L1BOA_FR-pLCS_L1BOA	0.027 3	159	72	0.063 2	+
	pLCS_L1BOA_FR-pLCS_BOA-FR	0.000 8	34	197	0.002 2	⊖
规则比较次数	pLCS_BOA_FR-GAssist	0.284 2	94	137	0.222 1	=
	pLCS_BOA_FR-pLCS_BOA	0.005 7	186	45	0.006 8	⊕
	pLCS_BOA_FR-pLCS_L1BOA	0.003 6	230	1	0.000 1	⊕
	pLCS-L1BOA-FR-GAssist	0.006 1	43.5	187.5	0.005 9	⊖
	pLCS_L1BOA_FR-pLCS_BOA	0.284 2	97	134	0.254 6	=
	pLCS_L1BOA_FR-pLCS_L1BOA	0.005 4	184	47	0.008 2	⊕
	pLCS_L1BOA_FR-pLCS_BOA_FR	0.000 5	27	204	0.001 0	⊖
特征比较次数	pLCS_BOA_FR-GAssist	＜0.000 1	8	223	＜0.000 1	＜
	pLCS_BOA_FR-pLCS_BOA	0.001 0	37	194	0.003 0	⊖
	pLCS_BOA_FR-pLCS_L1BOA	0.163 7	125	106	0.363 9	=
	pLCS_L1BOA_FR-GAssist	＜0.000 1	5	226	＜0.000 1	⊖
	pLCS_L1BOA_FR-pLCS_BOA	0.000 1	17	214	0.000 3	⊖
	pLCS_L1BOA_FR-pLCS_L1BOA	0.010 3	52	179	0.013 1	⊖
	pLCS_L1BOA_FR-pLCS_BOA_FR	0.003 3	45	186	0.006 8	⊖
规则数	pLCS_BOA_FR-GAssist	0.297 5	113	118	0.458 6	=
	pLCS_BOA_FR-pLCS_BOA	0.131 3	85.5	145.5	0.144 6	=
	pLCS_BOA_FR-pLCS_L1BOA	0.103 5	79	152	0.099 2	=
	pLCS_L1BOA_FR-GAssist	0.338 9	136.5	94.5	0.227 5	=
	pLCS_L1BOA_FR-pLCS_BOA	0.209 2	102	129	0.313 1	=
	pLCS_L1BOA_FR-pLCS_L1BOA	0.142 6	103.5	127.5	0.434 0	=
	pLCS_L1BOA_FR-pLCS_BOA_FR	0.154 2	145	86	0.148 5	=

注①:该列中各符号意义详见第 10 章表 10.3 注①。

在特征选择性能方面,表 12.10 列出了 pLCS_L1BOA_FR 和 pLCS_
BOA_FR 在 21 组 UCI 数据集上的特征约简数及特征约简率。这两种算
法在其中 16 组数据的特征约简率超过了 20%。由表 12.11 所示的显著
性检验结果不难看出,pLCS_L1BOA_FR 较 pLCS_BOA_FR 的特征选择
性能更强。

表 12.10　UCI 数据集上，pLCS_BOA_FR 和 pLCS_L1BOA_FR 的特征选择情况

数据集	特征数	约简特征数		约简率	
		pLCS_BOA_FR	pLCS_L1BOA_FR	pLCS_BOA_FR	pLCS_L1BOA_FR
Aus	14	6.23±1.09	7.04±0.82	44.50%	50.29%
Che	36	25.07±3.57	23.45±1.41	69.63%	65.14%
cre	15	6.64±1.40	6.93±2.45	44.26%	46.20%
dia	8	0.93±0.43	0.48±0.15	11.63%	6.00%
ger	24	10.17±2.34	12.64±2.16	42.38%	52.67%
hab	3	0.37±0.29	0.39±0.18	12.33%	13.00%
heart	13	4.53±1.59	5.95±0.85	34.85%	45.77%
hep	19	13.71±2.02	15.70±1.77	72.16%	82.63%
hill	100	76.45±8.34	78.89±8.34	76.45%	78.89%
ion	34	22.50±1.61	19.4±2.22	66.18%	57.06%
liv	6	0.90±1.09	0.96±0.31	15.00%	16.00%
monk	6	2.26±0.77	2.99±0.68	37.67%	49.83%
mush	22	10.05±2.01	13.48±2.04	45.68%	61.27%
musk1	166	130.05±14.43	124.46±18.26	78.34%	74.98%
musk2	166	114.31±12.71	119.59±11.89	68.86%	72.04%
par	23	12.69±1.19	11.45±1.19	55.17%	49.78%
tic	9	0.07±0.04	0.08±0.03	0.80%	0.89%
tra	4	0.47±0.51	0.49±0.16	11.75%	12.25%
vote	16	6.13±1.04	8.42±2.33	38.31%	52.63%
wis91	9	2.17±1.84	2.19±0.68	24.33%	24.33%
wis95	30	22.17±1.05	23.59±1.14	73.90%	78.63%

表 12.11　UCI 数据集上，pLCS_L1BOA FR 和 pLCS_BOA_FR 特征约简率的
显著性检验结果（显著水平 $\alpha=0.05$）

比较对象	T-test	Wilcoxon test			结论[①]
	p-Value	W+	W-	p-Value	
pLCS-L1BOA-FR-pLCS-BOA-FR	0.024 6	173	58	0.021 9	⊕

注①：该列中各符号意义详见第 10 章表 10.3 注①。

为了进一步评价 pLCS_L1BOA_FR 和 pLCS_BOA_FR 的特征选择性能，实验以这两种算法获得 20% 以上特征约简率的 16 组数据集为测试数据，将这两算法同 InfoGain 和 ReliefF 进行了对比。由于 InfoGain 和 ReliefF 都属于过滤器式特征选择算法，实验将 GAssist、pLCS_BOA 和 pLCS_L1BOA 同 InfoGain 和 ReliefF 分别组合起来（共 6 种组合）。在与 pLCS_BOA_FR 选择同样规模特征的情况下，比较这些组合与 pLCS_L1BOA_FR 和 pLCS_BOA_FR 的分类准确率。实验结果如表 12.12 所示。对其进行显著性检验所得到的结果如表 12.13 所示。不难看出,对于 GAssist、pLCS_L1BOA 和 pLCS_BOA,如果 InfoGain 和 ReliefF 选择同样数目的特征,其分类准确率都将显著低于 pLCS_L1BOA_FR 和 pLCS_BOA_FR。因此,相比于 InfoGain 和 ReliefF,本章提出的嵌入式特征选择算法对学习分类器具有更强的特征选择性能,该算法能够在全体特征中选择出更好地表征数据类别的特征。

表 12.12 UCI 数据集上,GAssist、pLCS_BOA 和 pLCS_L1BOA 使用其他特征选择算法的分类准确率

数据集	GAssist		pLCS_BOA		pLCS_1BOA	
	IG	RF	IG	RF	IG	RF
Aus	84.59±1.02	84.47±1.83	83.79±1.68	82.46±2.13	83.62±1.19	81.59±1.57
che	96.02±0.17	96.00±0.12	96.26±0.27	96.36±0.26	94.62±0.28	94.68±0.29
cre	86.74±1.24	86.04±0.95	84.69±0.85	86.91±1.69	85.00±0.60	86.67±1.33
ger	71.75±1.33	71.83±1.30	69.87±1.84	70.35±1.81	69.15±2.04	70.15±1.37
heart	83.33±2.48	82.21±3.40	81.60±2.48	78.70±3.03	81.78±0.89	78.89±2.50
hep	82.24±2.64	78.75±1.32	83.49±1.63	83.76±1.33	87.03±1.67	83.87±1.52
hill	51.25±1.17	51.93±1.35	52.91±1.14	53.17±1.03	51.78±0.28	51.45±0.22
ion	90.00±2.26	90.12±3.46	87.25±1.45	91.12±2.35	87.54±0.55	92.28±2.06
monk	95.38±3.41	96.59±3.04	100.00±0.00	100.00±0.00	100.00±0.00	100.00±0.00
mush	99.56±0.35	99.40±0.40	100.00±0.00	100.00±0.00	100.00±0.00	100.00±0.00
musk1	79.15±3.70	77.82±3.75	82.47±3.07	83.43±2.98	85.61±3.50	86.67±5.10
musk2	94.31±0.51	94.87±0.54	94.93±0.48	95.14±0.39	96.45±1.87	96.74±1.74
par	90.17±3.23	91.54±4.42	87.18±1.33	89.40±1.75	87.18±0.23	90.00±1.46
vote	96.95±0.79	95.97±1.00	96.75±0.96	95.27±1.04	99.08±0.49	98.74±0.85
wis91	95.48±1.63	96.86±1.10	95.74±0.44	93.02±0.77	95.63±0.46	92.86±0.58
wis95	90.18±1.01	93.30±1.47	90.56±0.50	92.02±0.48	90.35±0.41	92.02±0.28

表 12.13 UCI 数据集上,各种算法组合分类准确率的显著性检验结果(显著水平 $\alpha=0.05$)

比较对象	T-test	Wilcoxon test			结论①
	p-Value	W+	W-	p-Value	
pLCS-BOA-FR-GAssist-IG	0.005 9	125	11	0.001 6	⊕
pLCS-BOA-FR-GAssist-ReliefF	0.010 5	116	20	0.006 6	⊕
pLCS-BOA-FR-pLCS-BOA-IG	0.000 4	113.5	6.5	0.001 2	⊕
pLCS-BOA-FR-pLCS-BOA-ReliefF	0.000 4	116.5	3.5	0.000 7	⊕
pLCS-L1BOA-FR-GAssist IG	0.006 6	114	22	0.008 7	⊕
pLCS-L1BOA-FR-GAssist ReliefF	0.008 5	116	20	0.006 6	⊕
pLCS-L1BOA-FR-pLCS L1BOA-IG	0.022 8	89	16	0.010 1	⊕
pLCS-L1BOA-FR-pLCS-L1BOA-ReliefF	0.012 9	88.5	16.5	0.011 0	⊕

注①:该列中各符号意义详见第 10 章表 10.3 注①。

12.7.3 参数敏感度分析

根据 12.4.1 小节的介绍,相比 pLCS_L1BOA ,pLCS_L1BOA_FR 需要添加表示特征冗余度阈值的参数 τ。而当 τ 取值相同时,规则初始过程中编码取 1 的概率 p_{one} 同样影响该算法的性能。因此本节将以 RMP11-44 和 RMP11-88 两个问题为对象,讨论这两个参数对 pLCS_L1BOA_FR 的性能影响。

根据图 12.4 所示的结果可知,当 p_{one} 值相同时,pLCS_L1BOA_FR 的分类准确率随着特征冗余度阈值 τ 的增加而增加。这表明,当 τ 的绝对数值较小时,嵌入式特征选择算法不能有效地区别冗余特征和非冗余特征。根据 12.4.1 小节的讨论,只有 $\tau \geqslant p_{one}$ 才能选择出对数据分布具有较强描述能力的特征。因此在图 12.4 中可以看到,随着 τ 的增加,当 τ 的取值大于 p_{one} 时,pLCS_L1BOA_FR 的分类准确率明显提高。当 τ 值相同的时候,如果 $p_{one} \leqslant \tau$,pLCS_L1BOA_FR 的预测性能随着 p_{one} 的增加而增加;如果 $p_{one} > \tau$,其预测性能则随着 p_{one} 的增加而减少。这也与符合 12.4.1 小节中关于参数 p_{one} 和 τ 对分类准确度影响的分析。而在整体上,pLCS_L1BOA_FR 的预测水平随着 p_{one} 的增加而增加。这是因为,当 p_{one} 较小时,规则在初始化的过程中有较多的布尔变量赋值为 0。这将使得规则在后续的进化过程中与较多样本失配,使得规则的性能得不到的充分评价,进而降低规则空间的搜索质量。综上所述,当参数 p_{one} 和 τ 的取值均接近 1 时,pLCS_L1BOA_FR 的性能达到最优。

(a) RMP-11-44　　　　　(b) RMP-11-88

图 12.4　pLCS L1BOA FR 的性能随特征冗余度阈值变化的情况

12.8 本 章 小 结

当处理实际的分类问题时,在全体特征中删除不相关的、冗余的特征,或选择对类别分布具有较强描述能力的特征子集,是提高分类算法预测水平并减少训练开销的重要途径。本章在第 11 章工作的基础上提出了面向学习分类器的嵌入式特征选择算法。与传统的特征选择算法相比,该方法有以下两个方面的特点:①特征选择与规则进化过程同步进行,从而使得冗余特征在分类器训练的过程中被逐步删除;②根据当前的规则群体,而非原始的训练样本数据,获得关于特征的统计信息,进而删除冗余特征。具体地说,在规则进化的每轮迭代中,嵌入式的特征选择算法首先根据当前的规则群体计算各个特征的冗余度,并据此选择出待删除的候选特征。然后,根据在规则进化过程中已经建立的贝叶斯网络计算各待删除特征的 Markov Blanket ,从而决定最终所删除的特征。对包含冗余特征的构造问题和实际问题进行实验,结果表明:整合了嵌入式特征选择算法的 pLCS_L1BOA,即 pLCS_L1BOA_FR,较原有的 pLCS_L1BOA 分类准确率更高,训练过程的计算开销更少;而与其他特征选择算法相比,在所选特征规模相同的情况下,面向学习分类器的嵌入式特征选择算法能够使 pLCS_L1BOA 获得更高的分类准确率。

第 13 章
基于进化纠错输出编码的多类分类算法

13.1 概 述

从第 11 章和第 12 章的实验结果可知,pLCS_L1BOA 和 pLCS_L1BOA_FR 算法在二分类问题上能够取得良好的结果。但是,当利用其直接解决多分类问题的时候,性能却出现了退化[①]。出现这样的现象是因为:在求解二分类问题的过程中,两个类别间的分布情况相对简单。此时,类别的分布情况对基于 L1BOA 的规则进化过程的影响较为有限;而当求解多类问题的时候,类别间的分布情况随着类别数目的增加变得愈加复杂,从而干扰了 L1BOA 对规则空间的搜索,大大增加了其寻优的难度,并最终影响到学习分类器的整体性能。

鉴于上述考虑,本章利用纠错输出编码(Error Correcting Output Cod-in,ECOC)[228]方法将多类问题转化为若干二分类问题,进而完成多分类任务,提出了基于进化纠错输出编码的多分类算法。利用纠错输出编码方法求解多分类问题,关键在于建立将多类问题映射为二分类问题的编码矩阵。本章将该问题视为一个优化问题,使用第 10 章所提出的 L1BOA 并结合多类问题本身的数据特点进行求解。在获得编码矩阵后,利用第 11 章和第 12 章提出的 pLCS_L1BOA 和 pLCS_L1BOA_FR 求解编码矩阵中的各二分类问题。最后,根据已建立的编码矩阵并结合各二分类器的预测性能制定解码策略,从而获得最终的预测结果。以实际的

---

① 具体实验结果见 13.6.4 节的介绍。

多分类问题为测试数据进行实验。结果表明,本章所提出的基于进化纠错输出编码的多分类算法的预测性能较 GAssist 更优,训练过程中所需要的计算开销更少;较其他被广泛采用的分类算法,亦能产生较好的分类结果。

本章后续部分组织如下:13.2 节将简要介绍纠错输出编码方法的基本思想;13.3 节将介绍如何利用 L1BOA 并结合多分类问题本身的数据特点设计编码矩阵;13.4 节将介绍本章所采用的解码策略;13.5 节和 13.6 节将介绍为评价所提出算法而进行的实验工作及取得的实验结果,13.7 节对本章工作进行总结。

13.2   纠错输出编码方法简介

在当前的研究中,最为流行的将多分类问题转换成二分类问题的方法是纠错输出编码方法(Error Correcting Output Coding,ECOC)[228]。该方法基于差异化合作的基本思想,将编码理论中的纠错编码技术应用于监督学习领域中。具体地说,假设待求解的多分类问题含有 c 种类别,ECOC 方法将其中的每种类型转换成唯一一个长度为 $l(l \geqslant c)$ 的二进制串(称之为码字)。而所有 c 个码字构成了编码矩阵,$\boldsymbol{M}^{c \times l}$,如图 13.1(b)所示。编码矩阵中的每一列,也就是各类别码字同一位所形成的列向量,对应一个二分类问题 $b_i, i \in \{1, 2, \cdots, l\}$。对于训练样本 x,二分类问题 b_i 的定义为

$$b_i(\boldsymbol{x}) = f(x) = \begin{cases} 1, & \text{如果} m_{j,i} = 1, \text{cls}(\boldsymbol{x}) = c_j \\ 0, & \text{其他} \end{cases} \tag{13.1}$$

其中,$m_{j,i} \in \{0, 1\}$ 表示 $\boldsymbol{M}$ 中类别 c_j 码字的第 i 位,$\text{cls}(x) = c_j$ 表示样本 x 属于类别。例如,图 13.1(b)所示的编码矩阵中,二分类问题 b_1 将某样本视为类别"1"当且仅当该样本属于类别 c_2、c_3 或 c_4;将 b_1 视为类别"0"当且仅当该样本属于类别 c_1。

对于多分类问题,基于 ECOC 分类的基本流程如图 13.1(b)所示。在训练阶段,根据各二分类问题的编码分别训练得到对应的二分类器。在预测阶段,各二分类器首先对未知样本 $\tilde{x}$ 分别进行预测,其结果构成了输出向量 $\boldsymbol{o}(\tilde{x}) = (b_1(\tilde{x}), b_2(\tilde{x}), \cdots, b_l(\tilde{x}))$;然后,再利用解码策略根据 $\boldsymbol{o}(\tilde{x})$ 预测未知样本 $\tilde{x}$ 的类别。由上述的介绍可知,$\boldsymbol{M}$ 本质上反映了 l 个二分类问题与 c 种类别间的映射关系,它将含有 c 种类别的多分类问题转化为 l

个二分类问题;同时,**M** 利用其自身的纠错能力,在权衡所有二分类器输出结果的基础上对样本进行预测,从而能够纠正某些二分类器的错误,提高整体的预测性能。

(a) 二分类问题　　　　　(b) 纠错输出编码求解多累问题的基本流程

图 13.1　纠错输出编码方法的相关概念

　　在二分类器数目已知的条件下,设计最优的编码矩阵已经被证明是一个 N−P 完全问题[229]。因此,在 ECOC 方法中一般采用基于启发式的方法[230,231]或者基于随机优化的方法[232,233]设计编码矩阵。其中,前一种方法从某种角度制定若干原则,并根据这些原则设计编码矩阵。由于该方法利用某种原则将搜索空间局限在较小的范围内,因此其求解效率较高。但是由于所采用的原则往往建立在一定的假设之上,因此不能保证该方法在较为广泛的范围内都取得较好的结果。而后一种方法则利用元启发式(Metaheuristics)[120](包括遗传算法、模拟退火算法等)在问题空间中更大的范围内进行搜索。相对于前一种方法,基于随机优化的方法能够获得性能更优的编码矩阵[235],因此更多研究者开始关注此类方法。这其中又以基于遗传算法的方法[232,233]最为流行。

13.3　编码矩阵设计

　　从 13.2 节的介绍可知,编码矩阵是决定 ECOC 性能的关键因素。本章将编码矩阵的设计视为优化问题,并利用第 10 章提出的 L1BOA 对其进行求解。为此,需要首先明确评价编码矩阵优劣的方法,从而定义 L1BOA 中个体的适应度。

13.3.1　编码矩阵评价

　　相关研究工作(见参考文献[236,237])表明,ECOC 方法能够有效解决多分类问题的关键在于其编码矩阵尽可能地同时满足以下 3 个方面的要求：

（1）各二分类问题的差异化程度强；

（2）类别码字间的距离大；

（3）各二分类器的分类准确率高。

其中的前两项要求旨在提高编码矩阵的纠错能力。但是具有强纠错性能的编码矩阵并不一定保证 ECOC 方法能够取得好的预测性能。因为，强纠错能力的编码矩阵中可能含有一些学习难度较大的二分类问题。这些问题将导致对应的二分类器的预测性能欠佳，从而影响处理多分类问题时的整体性能[237]。根据上述的讨论，评价编码矩阵的优劣既需要考虑矩阵本身的编码特点，同时又需要考察求解矩阵所包含的各二分类问题的难易程度。在理想情况下，如果编码矩阵的纠错性能强，同时也容易学习，那么利用该矩阵将会获得较好的预测性能。而对于一般问题，上述两个目标往往不能同时满足，因此需要在上述两个目标之间进行平衡。

编码矩阵 M 纠错能力的强弱，首先表现在其所包含各二分类问题的差异化程度。对于 M 中的任意两个二分类问题 b_i 和 b_j，本章采用了 Q 统计量（Q statistic）[238]来度量它们的差异程度：

$$Q_{i,j} = \frac{N^{11}N^{00} - N^{01}N^{10}}{N^{11}N^{00} + N^{01}N^{10}} \tag{13.2}$$

其中，$N^{\alpha\beta}$ 表示的意义如表 13.1 所示。

表 13.1　Q 统计量中，$N^{\alpha\beta}$ 表示的含义

	b_j 的预测值为 0	b_j 的预测值为 1
b_i 的预测值为 0	N^{00}	N^{01}
b_i 的预测值为 1	N^{10}	N^{11}

对于式(13.2)，$Q_{i,j} \in [-1,1]$。对于二分类问题 b_i 和 b_j，如果对于不同的样本两者的分类结果不相同，那么 $Q_{i,j}$ 的结果将为负[239]。因此，如果希望 b_i 和 b_j 具有较强的差异性，那么应当使得 $Q_{i,j}$ 尽量接近 -1。这意味着，对于 b_i 和 b_j，需要最小化其 $Q_{i,j}$。实际上，式(13.2)从某种角度表征了编码矩阵中任意两列之间的距离。而对于具有 l 列的编码矩阵 M，其中二分类问题的差异化程度可以通过两两二分类问题 Q 统计量的和表示。由于需要最小化 Q 统计量，因此需要在各项以 $Q_{i,j}$ 前添加负号以获得其最大值。综合上述，对于具有 l 个二分类问题的编码矩阵 M，其中各二分类问题的差异化程度表示为

$$D_{\mathrm{col}}(\boldsymbol{M}) = -\sum_{i=1}^{l-1}\sum_{j=i+1}^{l} Q_{i,j} \tag{13.3}$$

纠错能力强的编码矩阵 $\boldsymbol{M}$，除需要使得各二分类器问题具有较强的差异性外，还需要使得对各个类别的编码（即码字）尽量不同。该指标通过编码矩阵行与行之间的距离表示。在本章中，编码矩阵 $\boldsymbol{M}$ 中任何两行之间的距离利用汉明距离（Hamming Distance）[210]定义：

$$\mathrm{Ham}_{i,j} = \frac{N^{10}+N^{01}}{l} \tag{13.4}$$

其中，$N^{\alpha\beta}$ 的意义与表 13.1 中的类似，l 表示 $\boldsymbol{M}$ 的列数，即每个类别在 $\boldsymbol{M}$ 中的编码长度。在式（13.4）的基础上，编码矩阵 $\boldsymbol{M}$ 中所有类别码字的差异化程度表示为

$$D_{\mathrm{row}}(\boldsymbol{M}) = \sum_{i=1}^{c-1}\sum_{j=i+1}^{c} \mathrm{Ham}_{i,j} \tag{13.5}$$

而编码矩阵 $\boldsymbol{M}$ 所反映的整体纠错能力可以表示为式（13.3）和式（13.5）的和

$$D(\boldsymbol{M}) = D_{\mathrm{col}}(\boldsymbol{M}) + D_{\mathrm{row}}(\boldsymbol{M}) \tag{13.6}$$

在评价编码矩阵的过程中，除考虑其自身的编码特点外，还需要根据训练样本考察编码矩阵中各二分类问题学习的难易程度。因为编码矩阵 $\boldsymbol{M}$ 将多分类问题转化成为若干个二分类问题，所以 $\boldsymbol{M}$ 中任意一列所对应的二分类问题 b 反映了某种聚类的结果，它实际上将原问题中的所有类别合并为两类。例如，图 13.1(a) 所示的二分类问题将 4 个类别合并为 $\{1\}$ 和 $\{2,3,4\}$ 两类。如果 b 所对应的聚类结果合理有效，那么就意味着学习 b 的难度较低；反之，则说明学习 b 的难度较高。因此，本章将利用聚类分析中评价聚类结果优劣的聚类有效性指标（Cluster Validity Index）[240,241]来衡量学习编码矩阵中各二分类问题的难易程度。更具体地，本章将使用数据集合的同质化程度（Homogeneity）来进行评价，同类别数据集的同质化程度越高意味着聚类的结果越好。

在原始数据中，假设数据集合 S 包含了若干类别 $c_i, i=1,2,3,\cdots,k$，那么根据改进的 Dunn's Index[242]，集合 S 的同质化程度为

$$H(S) = \frac{2}{|S|\cdot(|S|-1)}\sum_{i\neq j, c_i\in S, c_j\in S} \mathrm{dist}(c_i,c_j) \tag{13.7}$$

其中，$|S|$ 表示 S 中所包含的类别数，$\dfrac{2}{|S|\cdot(|S|-1)}$ 作为归一化系数，$\mathrm{dist}(c_i,c_j)$ 表示 S 中类别 c_i 和 c_j 之间的距离，一般可将其设置为类别所包含数据均值的欧式距离。特别地，如果 S 或 S 的补集中仅包含一种类别（即 $|S|=1$ 或者 $|S|=k-1$），规定 $H(S)=0$。由式（13.7）可知，$H(S)$ 越

小,S 中数据的同质化程度越强。

在数据同质化程度定义的基础上,二分类问题所对应的聚类结果的有效性定义为

$$V(b) = \frac{H(b^{+,-})}{H(b^+) + H(b^-)} \quad (13.8)$$

其中,b^+ 和 b^- 表示在二分类问题 b 中标定为正和负的数据所分别形成的集合,$V(b^+)$ 和 $V(b^-)$ 分别是这两个集合的同质化程度。例如,对于图 13.1(b) 所示编码矩阵中的二分类问题 b_1,由于类别 c_2、c_3 和 c_4 被标定为正,那么 $b_1^+ = \{2,3,4\}$,$H(b_1^+) = 2/3 \cdot (3-1) \cdot \sum_{i \neq j, c_i, c_j \in \{2,3,4\}} \text{dist}(c_i, c_j)$。$H(b^{+,-})$ 表示将全体数据集合视为仅由二分类问题 b 标定为正和负两个类别时的同质化程度:

$$H(b^{+,-}) = \frac{2}{2} \cdot (2-1) \cdot \text{dist}(b^+, b^-) = \text{dist}(b^+, b^-) \quad (13.9)$$

其中,b^+ 和 b^- 表示的意义与式 (13.8) 中的相同。对于 b,如果该二分类问题正、负类别分别形成的数据集内的同质化程度强,同时正、负类别间的同质化程度弱,那么 b 的学习难度较低。此时,$V(b)$ 的数值较大。因此,需要最大化 $V(b)$。进一步地,对于编码矩阵 $\boldsymbol{M}$,其中所有二分类问题的学习难度定义为

$$L(\boldsymbol{M}) = \frac{1}{l} \sum_{i=1}^{l} V(b_i) \quad (13.10)$$

综合上述,根据编码矩阵 $\boldsymbol{M}$ 本身的纠错能力及其所包含各个二分类问题学习的难易程度,其适应度函数为

$$F(\boldsymbol{M}) = D(\boldsymbol{M}) + L(\boldsymbol{M}) \quad (13.11)$$

13.3.2　优化方法

假设待处理的多分类问题包含 c 种类别,码字长度(即二分类问题的数目)为 l,那么编码矩阵 $\boldsymbol{M}^{c \times l}$ 可表示为一个向量:$\boldsymbol{m} = (m_1, m_2, \cdots, m_l, m_{l+1}, \cdots, m_{c \times l})$,其中 $m_i \in \{0,1\}$,$i = 1, 2, \cdots, c \times l$。由于 m_i 的取值仅有两种可能,所以分布估计算法中的每个可行解可直接由向量 $\boldsymbol{m}$ 表示。由于参考文献 [243] 指出,对于含有 c 个类别的多分类问题,编码矩阵码字的最优长度可设置为 $\lceil 10 \log_2 c \rceil$,因此每个可行解可使用长度为 $c \lceil 10 \log_2 c \rceil$ 的二进制串表示。

考虑到传统遗传算法自身的局限性以及 BOA 算法的实用性问题,本章将使用第 10 章提出的 L1BOA 来获得的编码矩阵。根据已知多分类问

题的训练数据,各可行解的适应度函数将根据 13.3.1 小节的介绍进行计算。当 L1BOA 终止时,本章将选取其中适应度最高的可行解作为最终的编码矩阵。根据上述讨论。基于分布估计算法的编码矩阵设计算法(EECOC)如算法 13.1 所示。其中的第 4～10 行所示的进化过程与第 10 章 L1BOA 一致。而在获得编码矩阵之后,对于其中的二分类问题,本章将采用第 11、12 章提出的 pLCS_L1BOA 和 pLCS_L1BOA_FR 训练得到所需要的二分类器。

算法 3.1　基于分布估计算法的编码矩阵设计算法,EECOC(D)

Input:样本数据,D;

Output:编码矩阵,$\boldsymbol{M}$;

1　$t \leftarrow 0$

2　初始化编码矩阵种群 P_t

3　根据 D 由式(13.11)计算的 P_t 中各可行解的适应度

4　repeat

5　　　$S \leftarrow$ 从 P_t 选取优势种群

6　　　$O \leftarrow$ 根据 S 学习贝叶斯网络 B,并采样获得子代种群

7　　　由式(13.11)计算的 P_t 中各可行解的适应度

8　　　$P_{t+1} \leftarrow$ 根据 O 更新 P_t

9　　　$t \leftarrow t+1$

10　until 种群收敛

11　return P_t 中的适应度最高的可行解

13.4　解码策略

根据图 13.1(b)所示的关于 ECOC 方法的基本流程,在得到编码矩阵和对应的二分类器之后,对于未知样本,需要根据解码策略完成最终的预测任务。现有的解码方法主要通过最小化未知样本在各二分类器预测下的码字与各类别码字之间的距离,包括汉明距离(Hamming Distance)[228]、逆汉明距离(Inverse Hamming Distance)[244]和欧氏空间距离[245]等,获得预测类别。这些方法虽然从不同角度遵循了编码矩阵所表达的多分类问题与二分类问题间的映射关系,但却忽略了各二分类器预测结果可能存

在的偏差。与 13.3.1 小节中关于编码矩阵评价指标的分析类似,ECOC 方法在根据编码矩阵进行预测时,还需要分析二分类器实际的预测性能。在极端情况下,如果某二分类器在训练数据上对于类别"1"的分类准确率很低,那么当其预测的类别为"1"时,实际的类别往往为"0"。

鉴于此,在本章所提出的算法中,解码过程在最小化码字间距离的同时,还将考虑各二分类器对于不同类别的预测性能。具体地说,对于二分类器 b_i 给出的预测类别 $d_i \in \{1, 0\}$,将根据 b_i 对于类别 d_i 的精确率(Precision)计算成与编码矩阵对应编码的距离。其中,$\text{Precision} = t_p / (t_p + f_p)$,$t_p$ 和 f_p 分别表示当预测类为 d_i 时,实际类别为 d_i 和非 d_i 的样本数。假设各二分类器对未知样本所形成的预测码字为 $\boldsymbol{d} = (d_1, d_2, \cdots, d_l)$,类别 c_j 在编码矩阵中的码字为 $\boldsymbol{c}_j = (m_{j,1}, m_{j,2}, \cdots, m_{j,l})$,那么 $\boldsymbol{d}$ 与类别 c_j 的距离为

$$D(\boldsymbol{d}, \boldsymbol{c}_j) = \sum_{i=1}^{l} \text{prep}_i(d_i) \cdot |d_i - m_{j,i}| + (1 - \text{prep}_i(d_i)) \cdot |d_i - (1 - m_{j,i})|$$

$$(13.12)$$

其中,$\text{prep}_i(d_i)$ 表示分类器 b_i 预测类别为 d_i 时的精确率,$m_{j,i}$ 表示编码矩阵中分类器 b_i 对类别 c_j 的编码。在此基础上,最终的预测类别 $\hat{c}$ 应当使得式(13.12)定义的距离最小

$$\hat{c} = \arg \min_j D(\boldsymbol{d}, \boldsymbol{c}_j)$$

$$(13.13)$$

根据 13.3.1 小节和 13.3.2 小节的讨论,本章提出的基于进化纠错输出编码的多类分类算法如算法 13.2 所示。其中第 1 行的细节见算法 13.1。

13.5　实　验　设　置

13.5.1　测试数据

为了对所提出的算法进行评价,本章选取了 UCI 数据集[211]中 15 组多分类数据作为实验对象。这些数据的基本信息如表 13.2 所示。

13.5.2　比较对象

与第 11 章和第 12 章的实验类似,本章仍然选取 GAssist 以及 11.7.2 小节中提到的 5 种分类算法(见表 11.4)作为比较对象,与本章所提出的

算法进行对比。需要指出的是,GAssist 将首先作为可直接处理多分类问题的分类算法,参与对比实验。随后,将 GAssist 视为二分类算法,并与所提出的 EECOC 方法相结合求解多分类问题。此外,实验还将提出的 EECOC 算法与 ECOC-ONE 算法[231]进行比较。后者是目前被广泛使用的一种基于启发式的编码矩阵设计方法。该方法利用验证子集,通过向随机初始化的编码矩阵中逐步添加二分类问题的方式获得最终的编码矩阵。

算法 13.2 pLCS_L1BOA_EECOC、pLCS_L1BOA_FR_EECOC算法流程

Input:样本数据,D;未知样本,s;

1    $M^{c \times l} \leftarrow$ EECOC(D)

2   **for** M 中每个二分类问题 b_i,$i = 1, 2, \cdots, l$ **do**

3   classifier←利用 pLCS_L1BOA 或 pLCS_L1BOA_FR 求解 b_i

4        $code_i \leftarrow$ classifier 对 s 进行预测

5   **end for**

6    $c \leftarrow (code_1, code_2, \cdots, code_l)$

7   根据 c、M 及其各二分类器的预测性能由式(13.13)给出预测结果

13.5.3 评价指标与参数设置

本章实验同样选取了 11.7.3 小节和 12.6.3 小节中的 6 种指标,包括预测准确率、迭代次数、规则比较次数、特征比较次数、分类器中的规则数和特征约简率,从预测水平、计算开销、结果复杂度和特征选择 4 个方面对本章所提出的算法进行评价。在使用 EECOC 求解编码矩阵时,L1BOA 算法所使用的种群规模为 200,其他参数设置情况如第 10 章表 10.1 所示。对于表 11.4 中的 5 种分类算法,仍然按照 Weka[213] 的默认参数求取结果。

13.6 实 验 结 果

13.6.1 分类准确率

在表 13.2 所示的各组 UCI 多分类数据集上,本章所提出的 pLCS_

L1BOA_EECOC、pLCS_L1BOA_FR_EECOC 以及 GAssist 和其他 5 种分类算法的分类准确率如表 13.3 所示。与表 11.9 类似,表 13.3 最后两行标识了各算法在各个数据集上分类准确率的平均排名,以及该排名的先后顺序。可以看到,本章提出的 pLCS_L1BOA_EECOC 和 pLCS_L1BOA_FR_EECOC 排名最靠前。这与 11.8.2 小节中的结果(见表11.9)一致。

表 13.2 多分类测试数据集的基本信息

ID	数据集名称	样本数	特征数			类别数
			离散类型	连续类型	总计	
allbp	Thyroid-disease	2 800	22	7	29	3
allrep	Thyroid-disease	2 800	22	6	28	3
car	Car Evaluation	1 728	6	0	6	4
cardi-3	Cardiotocography	2 126	0	21	21	3
cardi-10	Cardiotocography	2 126	0	21	21	10
ecoli	Ecoli	336	0	8	8	8
glass	Glass Identification	214	0	10	10	6
hayes	Hayes-Roth	160	4	0	4	3
heart	Heart tissue	106	0	9	9	6
iris	Iris	150	0	4	4	3
nursery	Nursery	12 960	8	0	8	5
sat	satellite image	4 435	0	36	36	6
seg	Segmentation	2 310	0	19	19	7
wine	Wine	178	0	13	13	3
yeast	Yeast	1 483	0	8	8	10

进一步地,实验照例对各算法的分类准确率进行了显著性检验,结果如表 13.4 所示。根据显著性检验的结果不难看出,pLCS_L1BOA_EECOC 和 pLCS_L1BOA_FR_EECOC 的预测准确率均高于 GAssist。与其他 5 种分类算法相比较,除 SVM 外,pLCS_L1BOA_EECOC 和 pLCS_L1BOA_FR_EECOC 的预测水平也有统计意义上的优势。而对于本章提出的 pLCS_L1BOA_EECOC 和 pLCS_L1BOA_FR_EECOC 两种算法,后者的预测水平更高。这与 12.7 节中的实验结果(见表12.7)相一致。

表 13.3 多分类数据集上,各算法的分类准确率

数据集	GAssist	pLCS_L1BOA_EECOC	pLCS_L1BOA_FR_EECOC	NB	C4.5	PART	SVM	KNN
allbp	98.02±0.30	97.67±0.21	98.06±0.09	94.46±0.23	98.04±0.13	97.32±0.12	96.46±0.17	96.36±0.71
allrep	98.65±0.50	99.33±0.25	99.21±0.23	94.64±0.21	98.75±0.62	98.75±0.31	98.75±0.59	97.21±0.56
car	91.89±5.28	92.57±1.77	92.63±1.86	87.25±1.33	92.17±0.95	94.80±1.36	97.92±1.10	92.29±1.04
cardi-3	92.27±0.58	92.39±1.20	92.55±0.88	81.95±1.62	92.37±0.88	91.06±0.79	92.38±1.01	90.22±1.37
cardi-10	64.23±5.54	81.68±0.92	82.55±0.88	67.53±2.52	84.24±1.99	80.94±2.05	82.82±2.22	74.93±2.86
ecoli	76.12±2.54	83.35±1.36	83.42±1.45	85.07±2.73	80.60±2.89	83.58±2.91	85.07±3.45	85.11±3.01
glass	66.59±5.06	69.76±2.43	71.03±2.35	52.38±2.42	69.50±3.09	66.67±3.33	66.67±5.71	65.40±6.56
hayes	79.50±4.14	81.29±3.54	81.02±4.16	73.15±3.34	73.13±4.07	79.38±4.36	75.00±4.87	62.50±4.94
heart	69.52±5.54	67.62±3.16	69.68±4.05	66.67±3.58	66.67±4.89	66.67±3.90	65.06±5.49	66.88±7.88
iris	94.13±2.09	93.89±2.17	94.26±0.96	96.67±1.87	90.00±2.17	90.00±1.48	93.33±1.88	93.33±1.94
nursery	94.80±0.73	97.98±1.00	97.09±0.80	90.59±1.01	96.33±0.44	98.88±0.55	90.98±0.60	98.18±0.11
sat	82.35±1.41	87.71±0.66	87.97±0.41	78.69±0.83	85.37±0.86	85.12±0.95	89.13±0.76	90.42±0.71
seg	89.70±1.99	97.05±0.38	97.06±0.41	80.74±0.64	95.67±1.23	94.89±1.19	96.58±1.27	94.55±1.16
wine	93.81±3.53	95.05±2.48	95.24±2.62	93.81±2.89	94.29±3.02	91.43±2.03	97.14±2.49	95.05±3.24
yeast	52.30±1.45	56.75±0.63	57.12±0.65	56.23±0.59	52.70±1.52	54.05±0.91	57.09±1.04	56.06±2.28
平均排名	5.67	3.07	2.13	6.33	4.73	4.73	3.6	4.93
排名次序	7	2	1	8	4	4	3	6

13.6.2　训练开销

对于表 13.2 所示的各组 UCI 多分类数据集，pLCS_L1BOA_EECOC、pLCS_L1BOA_FR_EECOC 和 GAssist 在训练过程中所需的计算开销如表 13.5 所示。而表 13.6 显示对表征训练开销的 3 项指标进行显著性检验的结果。在迭代次数上，pLCS_L1BOA_EECOC、pLCS_L1BOA_FR_EECOC 的结果都要显著低于 GAssist，而 pLCS_L1BOA_EECOC 和 pLCS_L1BOA_FR_EECOC 之间没有统计意义上的差别。对于规则比较次数，pLCS_L1BOA_EECOC 仍然低于 GAssist，但 pLCS_L1BOA_FR_EECOC 较 GAssist 没有统计意义上的差别。在特征比较次数上，pLCS_L1BOA_FR_EECOC 的数值小于 GAssist 和 pLCS_L1BOA_EECOC。由于在表征训练过程计算开销的 3 种指标中，特征比较次数所在的粒度层级最低（见 12.6.3 小节），所以 pLCS_BOA_FR_EECOC 训练过程所需要的计算开销最少。这与 12.7 节中实验结果一致（见表 12.9）。

表 13.4　多分类数据集上，各算法分类准确率的显著性检验结果（显著水平 $\alpha=0.05$）

比较对象	T-test		Wilcoxon test			结论[①]
	p-Value	W^+	W^-	p-Value		
GAssist-NB	0.039 2	84	21	0.022 3		⊕
GAssist-C4.5	0.079 7	33	87	0.062 6		=
GAssist-PART	0.140 0	40	80	0.128 0		=
GAssist-SVM	0.056 9	33	87	0.062 6		=
GAssist-KNN	0.287 4	46	74	0.213 3		=
pLCS_L1BOA_EECOC-GAssist	0.008 5	107	13	0.003 8		⊕
pLCS_L1BOA_EECOC-NB	0.000 9	111	9	0.001 9		⊕
pLCS_L1BOA_EECOC-C4.5	0.011 8	106	14	0.004 5		⊕
pLCS_L1BOA_EECOC-PART	0.004 1	104	16	0.006 2		⊕
pLCS_L1BOA_EECOC-SVM	0.220 6	72	48	0.247 6		=
pLCS_L1BOA_EECOC-KNN	0.046 1	86	19	0.016 4		⊕
pLCS_L1BOA_FR_EECOC-GAssist	0.005 4	120	0	0.000 3		⊕
pLCS_L1BOA_FR_EECOC-pLCS_L1BOA_EECOC	0.045 4	95	25	0.023 4		⊕
pLCS_L1BOA_FR_EECOC-NB	0.000 7	113	7	0.001 3		⊕
pLCS_L1BOA_FR_EECOC-C4.5	0.003 1	111	9	0.001 9		⊕
pLCS_L1BOA_FR_EECOC-PART	0.002 8	111	9	0.001 9		⊕
pLCS_L1BOA_FR_EECOC-SVM	0.127 5	78	42	0.153 4		=
pLCS_L1BOA_FR_EECOC-KNN	0.029 8	99	21	0.013 4		⊕

注①：该列中各符号意义详见第 10 章表 10.3 注①。

表 13.5 多分类数据集上,GAssist,pLCS_L1B0A_EECOC 和 pLCS_L1B0A_FR_EECOC 训练过程中的计算开销

数据集	迭代次数			规则比较次数($\times 10^7$)			特征比较次数($\times 10^8$)		
	GAssist	pLCS_L1B0A_EECOC	pLCS_L1B0A_FR_EECOC	GAssist	pLCS_L1B0A_EECOC	pLCS_L1B0A_FR_EECOC	GAssist	pLCS_L1B0A_EECOC	pLCS_L1B0A_FR_EECOC
allbp	625±327	455±297	369±237	36.4±24.8	17.6±15.4	51.9±27.5	106±72.0	51.2±44.6	47.4±17.3
allrep	762±415	303±195	460±238	37.2±20.3	29.3±7.66	63.4±27.6	104±56.8	82.1±21.4	60.5±18.6
car	1095±506	768±337	562±237	89.5±41.3	55.8±24.4	72.2±29.9	53.7±24.8	33.5±14.7	42.1±17.7
cardi-3	1129±303	917±367	627±205	85.4±22.9	110±84.1	88.4±30.0	179±48.0	231±176.6	124±46.2
cardi-10	1264±206	1095±311	729±206	67.3±10.9	104±39.7	107±31.7	141±23.0	217±83.3	134±41.8
ecoli	787±314	69.1±16.0	116±56	6.65±236	4.86±0.12	2.05±2.29	5.32±1.88	4.05±0.96	3.34±1.51
glass	739±415	171±91.8	235±234	234±1.16	2.20±0.29	2.44±2.09	2.34±1.16	2.02±0.85	1.92±1.64
hayes	462±398	215±124	172±65.2	1.95±1.38	1.24±0.28	1.39±1.15	0.78±0.55	0.60±0.11	0.51±0.41
heart	782±432	121±41.6	196±205	2.37±1.16	1.52±0.05	1.03±0.89	2.14±1.05	1.21±0.05	0.78±0.67
iris	151±199	35.1±7.41	37.7±65.8	0.56±0.73	0.34±0.01	0.36±0.40	0.22±0.29	0.13±0.02	0.12±0.13
nursery	1407±94.6	807±217	554±165	1027±69.1	905±244	868±285	822±55.25	724±195	640±236
sat	1477±19.4	1382±101	940±56.5	1299±5.23	1454±106	848±118	4675±18.8	5233±382	3923±434
seg	1427±66.1	971±314	784±160	141±6.54	134±39.4	162±38.3	268±12.42	258±74.9	232±62.4
wine	122±123	66.7±5.48	220±166	0.55±0.55	0.45±0.07	0.86±1.25	0.71±0.72	0.50±0.01	0.48±0.84
yeast	1011±317	335±369	360±252	34.7±10.9	20.2±5.70	21.9±16.3	27.7±8.69	16.14±4.56	14.0±12.1

表 13.6 多分类数据集上,GAssist、pLCS _L1BOA _EECOC 和 pLCS _L1BOA _FR _EECOC 训练过程中计算开销的显著性检验结果(显著水平 $\alpha=0.05$)

指标	比较对象	T-test	Wilcoxon test			结论①
		p-Value	W⁺	W⁻	p-Value	
迭代次数	pLCS_L1BOA_EECOC-GAssist	<0.000 1	0	120	0.000 3	⊖
	pLCS_L1BOA_FR_EECOC-GAssist	0.000 3	14	106	0.004 5	⊖
	pLCS_L1BOA_FR_EECOC-pLCS _L1BOA_EECOC	0.183 3	68	52	0.324 9	=
规则比较次数	pLCS_L1BOA_EECOC-GAssist	0.027 5	27	93	0.030 5	⊖
	pLCS_L1BOA_FR_EECOC-GAssist	0.396 1	78	42	0.153 4	=
	pLCS_L1BOA_FR_EECOC-pLCS _L1BOA_EECOC	0.111 9	36	135	0.014 7	—
特征比较次数	pLCS_L1BOA_EECOC-GAssist	0.027 5	27	93	0.030 5	⊖
	pLCS_L1BOA_FR_EECOC-GAssist	<0.000 1	0	120	0.000 3	⊖
	pLCS_L1BOA_FR_EECOC-pLCS _L1BOA_EECOC	0.003 5	26	94	0.026 7	⊖

注①:该列中各符号意义详见第 10 章表 10.3 注①。

13.6.3　结果复杂度与特征约简率

表 13.7 和表 13.8 分别展示了本章所提出的 pLCS_L1BOA_EECOC 和 pLCS_L1BOA_FR_EECOC 以及 GAssist 获得的分类器中所包含的规则数,及对该指标进行显著性分析的结果。不难看出,3 种算法所获得分类器的规模没有统计意义上的差别,这表明它们的结果复杂度相同。

此外,pLCS_L1BOA_FR_EECOC 算法对于各数据集的特征约简情况如表 13.9 所示。由实验结果可以看出,在特征数目相对较多(大于 20)的数据集上,如 allbp、allrep、cardi-3、cardi-10 和 sat 等数据集上,pLCS_L1BOA_FR_EECOC 可以获得 35% 以上的特征约简率。由表 13.3 所示的结果可知,特征的减少并没有降低算法的分类准确率。这意味着在多分类问题上,pLCS_L1BOA_FR_EECOC 有着较为良好的特征选择性能。

表 13.7 多分类数据集上,GAssist、pLCS_L1BOA_EECOC 和 pLCS_L1BOA_FR_EECOC 所获得分类器中的规则数目

数据集	GAssist	pLCS_L1BOA_EECOC	pLCS_L1BOA_FR_EECOC
allbp	5.73±0.52	6.03±0.53	5.78±0.51
allrep	6.07±0.52	5.86±0.42	5.87±0.50
car	18.1±8.10	10.2±1.65	12.8±1.95
cardi-3	6.10±0.66	9.24±1.47	7.64±1.25

续 表

数据集	GAssist	pLCS_L1BOA_EECOC	pLCS_L1BOA_FR_EECOC
cardi-10	6.43±1.33	9.83±1.51	8.51±1.39
ecoli	5.93±0.37	5.74±0.48	5.79±0.53
glass	5.80±0.48	5.75±0.66	5.79±0.53
hayes	7.43±1.38	5.94±0.56	5.97±0.45
heart	5.93±0.25	5.65±0.67	5.67±0.65
iris	5.73±0.52	5.64±0.70	5.72±0.77
nursery	29.9±11.54	17.0±2.58	13.0±2.73
sat	16.9±4.76	31.5±3.71	22.6±3.25
seg	10.47±1.85	9.62±1.56	9.13±1.49
wine	5.80±0.48	5.82±0.44	5.82±0.47
yeast	5.87±0.43	6.00±0.52	6.01±0.55

表 13.8 多分类数据集上，GAssist、pLCS_L1BOA_EECOC 和 pLCS_L1BOA_FR_EECOC
所获得分类器中规则数目的显著性检验结果（显著水平 $\alpha=0.05$）

指标	比较对象	T-test	Wilcoxon test			结论[①]
		p-Value	W^+	W^-	p-Value	
规则数目	pLCS_L1BOA_EECOC-GAssist	0.387 4	51	69	0.304 7	=
	pLCS_L1BOA_FR_EECOC-GAssist	0.207 5	49.5	70.5	0.275 6	=
	pLCS_L1BOA_FR_EECOC-pLCS_L1BOA_EECOC	0.098 1	40	65	0.207 3	=

表 13.9 多分类数据集上，pLCS_L1BOA_FR_EECOC 的特征约简率

数据集	特征数	约简特征数	特征约简率
allbp	29	23.12±0.70	79.72%
allrep	28	21.84±0.59	78.00%
car	6	0.37±0.06	6.17%
cardi-3	21	8.31±1.53	39.57%
cardi-10	21	8.73±1.53	41.57%
ecoli	8	1.45±0.58	18.13%
glass	10	2.16±0.68	21.60%
hayes	4	0.57±0.11	14.25%
heart	9	2.78±0.85	30.89%
iris	4	0.76±0.44	19.00%
nursery	8	1.78±0.65	22.25%
sat	36	13.87±0.65	35.68%
seg	19	6.78±0.65	22.25%
wine	13	7.44±1.84	57.23%
yeast	8	1.37±0.64	17.13%

13.6.4 纠错输出编码性能

本节实验将评价 EECOC 算法所产生编码矩阵的性能。为此,实验将 GAssist 视为二分类算法,并利用其解决 EECOC 所获得矩阵中的二分类问题。该组合在表 13.2 所示各数据集上的分类准确率如表 13.10 第 2 列所示。同时,表 13.10 第 3、4 列展示了直接利用 pLCS_L1BOA 和 pLCS_L1BOA_FR 算法解决各多分类问题的结果。最后,实验利用 ECOC-ONE 产生编码矩阵,再利用 pLCS_L1BOA 和 pLCS_L1BOA_FR 算法求解,结果如表 13.10 最后两列所示。通过比较最终的分类准确率,来评价 ECOC-ONE 和 EECOC 所产生编码矩阵的优劣。

表 13.10 多分类数据集上,其他算法组合的分类准确率

数据集	GAssist	pLCS_L1BOA_ EECOC	pLCS_L1BOA_ FR_ECOC-ONE	pLCS_L1BOA_ ECOC-ONE	pLCS_L1BOA_ FR_ECOC-ONE
allbp	97.87±0.14	96.74±0.22	97.74±0.19	96.36±0.12	96.47±0.20
allrep	98.87±0.46	98.49±0.34	98.87±0.41	98.59±0.36	98.48±0.39
car	92.06±1.13	91.34±0.94	91.75±1.21	93.58±1.43	93.20±1.34
cardi-3	92.14±0.92	92.14±1.11	92.04±1.34	92.15±0.87	92.53±1.27
cardi-10	75.89±3.35	66.86±2.63	68.46±3.71	81.47±2.46	81.28±3.19
ecoli	81.42±2.19	76.94±2.72	77.05±1.99	84.19±2.42	84.99±2.84
glass	67.37±3.45	67.82±4.61	69.01±3.37	68.82±3.41	69.42±4.93
hayes	80.09±4.20	80.78±4.54	80.12±3.67	80.46±4.14	80.57±3.92
heart	69.48±5.17	66.61±6.29	68.56±6.33	66.49±5.27	68.79±5.84
iris	93.84±2.27	93.58±2.04	93.74±1.85	93.92±1.47	93.75±1.72
nursery	97.59±0.46	94.87±0.61	94.36±0.72	98.25±0.59	98.31±0.63
sat	85.47±0.82	83.51±0.96	82.16±0.80	87.72±1.06	87.84±0.76
seg	94.72±1.73	89.82±1.67	90.38±1.20	96.31±0.93	96.49±1.48
wine	94.26±2.49	94.24±2.10	93.94±2.38	94.12±3.07	94.38±2.43
yeast	55.21±0.83	52.19±0.92	52.04±1.38	56.51±1.07	56.64±0.94

对表 13.10 与表 13.3 所示算法的分类准确率进行显著性分析,其结果如表 13.11 所示。相比较使用 GAssist、pLCS_L1BOA 和 pLCS_L1BOA_FR 直接求解多分类问题,采用纠错输出编码方法(EECOC 或者 ECOC-ONE)将显著提高原有算法的分类准确率。而当 GAssist、pLCS_

L1BOA 和 pLCS_L1BOA_FR 直接求解多分类问题时,其分类准确率间没有统计意义的差别。同时,如果均采用 EECOC 产生编码矩阵时,EECOC 与 pLCS_L1BOA、pLCS_L1BOA_FR 组合的分类准确率均显著高于 EECOC 与 GAssist 的组合。这主要是由于 pLCS_L1BOA 和 pLCS_L1BOA_FR 在二分类问题上的预测水平优于 GAssist(详见第 11 章和第 12 章相关的实验部分)。此外,在分类准确率上,EECOC 分别与 pLCS_L1BOA 和 pLCS_L1BOA_FR 的组合较 ECOC-ONE 与两种二分类算法的组合也有一定优势。这表明,相比较 ECOC-ONE,在使用相同二分类算法的情况下,EECOC 所产生编码矩阵的性能也有较强的竞争力。

表 13.11　多分类数据集上,各算法组合分类准确率的显著性检验结果(显著水平 $\alpha = 0.05$)

比较对象	T-test	Wilcoxon test			结论[1]
	p-Value	W^+	W^-	p-Value	
GAssisLEECOC-GAssist	0.010 8	108	12	0.003 2	⊕
pLCS_L1BOA-GAssist	0.342 2	66.5	53.5	0.346 1	=
pLCS_L1BOA_FR-GAssist	0.117 5	67	53	0.345 3	=
pLCS_L1BOA_EECOC-pLCS_L1BOA	0.000 8	120	0	0.000 3	⊕
pLCS_L1BOA_ECOC-ONE-pLCS_L1BOA	0.008 8	101	19	0.009 9	⊕
pLCS_L1BOA_EECOC-pLCS_L1BOA_ECOC-ONE	0.035 8	88	32	0.055 9	+
pLCS_L1BOA_FR_EECOC-pLCS_L1BOA_FR	0.000 5	120	0	0.000 3	⊕
pLCS_L1BOA_FR_ECOC-ONE-pLCS_L1BOA_FR	0.006 8	109	11	0.002 7	⊕
pLCS_L1BOA_FR_EECOC-pLCS_L1BOA_FR_ECOC_ONE	0.064 9	89.5	30.5	0.047 0	+

注[1]:该列中各符号意义详见第 10 章表 10.3 注[1]。

13.7　本章小结

由于第 11 章和第 12 章所提出的 pLCS_L1BOA 和 pLCS_L1BOA_FR 算法直接求解多分类问题时性能出现退化,因此本章采用了基于进化纠错输出编码的算法解决多分类问题。具体地说,本章使用第 10 章所提出的 L1BOA 并根据目标问题的自身特点设计编码矩阵,从而将多分类问题转化为若干二分类问题。再利用 pLCS_L1BOA、pLCS_L1BOA_FR 求解转化得到的二分类问题。最后根据编码矩阵并结合各二分类器的预测性能给出最终的预测结果。对实际的多分类问题进行实验,结果表明:较

GAssist,本章所提出的算法能够有效提高预测性能,并减少训练过程的计算开销;而与其他被广泛采用的分类算法相比,本章所提出的算法同样能够获得较高的分类准确率。

第14章
下篇总结与展望

14.1 下篇总结

作为基于遗传的机器学习方法的一种,学习分类器使用显式的规则对知识进行表示,在监督学习或强化学习机制的基础上,利用遗传算法在规则空间进行搜索,从而完成学习任务。规则空间的搜索效率是影响学习分类器性能的关键。本书下篇从提高规则空间的搜索质量出发,着眼于分类问题,提出了基于分布估计算法的学习分类器,并从以下 4 个方面开展研究工作:

(1) 针对贝叶斯优化算法(BOA)需要在贝叶斯网络学习过程中额外对网络复杂度加以限制的问题,提出了一种基于 L1 正则化贝叶斯网络的分布估计算法(L1BOA)。在学习网络结构的过程中,该算法首先从参数估计的角度建立候选父节点的选择机制,利用 L1 正则化的稀疏性为各个节点挑选候选父节点,并在候选父子节点对范围内确定最终的网络结构,从而能够根据目标问题的特点合理控制网络复杂度。对不同类型的测试函数进行实验,结果表明:L1BOA 达到或超过了对网络复杂度实施最优额外控制时 BOA 的性能,同时,相比较 BOA,L1BOA 所学习的贝叶斯网络能够更准确地反映目标问题中变量间的链接关系。

(2) 为提高学习分类器对规则空间的搜索质量,提出了基于分布估计算法的分类器进化算法(称为 pLCS_L1BOA)。该算法根据 Pittsburgh 式学习分类器知识表示的层级特点,将分类器进化划分为规则和规则集两个层次。规则层次的进化利用 L1BOA 实现。规则集层次的进化过程则采用规则粒度的交叉算子实现规则集的重组,从而避免破坏已知的规则结构。对构造的和实际的二分类问题进行实验,结果表明:较现有的 Pittsburgh 式学习分类器,pLCS_L1BOA 能够获得更高的分类准确率,并能够减少训练过程的计算开销;与其他广泛使用的分类算法相比,pLCS_L1BOA 亦能获得较高的分类准确率。

(3)在 pLCS_L1BOA 的基础上,充分利用分布估计算法获得的关于规则的统计信息,提出了面向学习分类器的嵌入式特征选择算法。该算法首先根据规则统计信息计算各个特征的冗余度,获得待删除的冗余特征。然后,利用规则重组过程中学习的贝叶斯网络考察待删除特征间的关联关系,确定并删除冗余特征。对包含冗余特征的构造问题和实际问题进行实验,结果表明:较 pLCS_L1BOA,整合了嵌入式特征选择算法后的 pLCS_L1BOA(称为 pLCS_L1BOA_FR)能够以更少的训练开销获得更高的分类准确率,在所选特征规模相同的情况下,较其他的特征选择方法,嵌入式特征选择算法能够使 pLCS_L1BOA 获得更高的分类准确率。

(4)针对多类问题,提出了基于进化纠错输出编码的多类分类算法。该算法首先利用所提出的 L1BOA 并结合目标问题的自身特点,产生将多类问题转化为若干二分类问题的编码矩阵。然后使用 pLCS_L1BOA、pLCS_L1BOA_FR 求解二分类问题,进而完成多分类任务。通过对实际多分类问题进行实验,结果表明:基于进化纠错输出编码的多分类算法的分类准确率较现有的 Pittsburgh 式学习分类器更高,训练开销更少,同时其分类准确率亦高于其他分类算法。

14.2　后续工作展望

本书下篇尝试利用分布估计算法改善全局搜索能力,在一定程度上提高了 Pittsburgh 式学习分类器求解分类问题时的性能。但尚有许多问题有待进一步探索和研究,其中包括:

(1)除拥有强有力的全局搜索能力外,分布估计算法的优势还体现在能够较好地融合已有的关于目标问题的先验知识。在解决实际问题的过程中,如何根据已有的关于目标问题的知识初始化概率模型,从而缩短寻优过程,是今后值得研究探索的问题。

(2)除分布估计算法等全局搜索策略外,局部搜索策略能够使得个体性能在通过种群整体进化得以提高的同时,实现非随机性的自我改良。结合学习分类器自身的特点及目标问题的领域知识,设计有效的局部搜索策略,对进一步提高规则空间的搜索能力,有着积极的理论和实际意义。

(3) 现有的 Pittsburgh 式学习分类器主要用于解决监督学习问题。对其结构进行修改,使之能够解决无监督学习问题或强化学习问题,将有力推动 Pittsburgh 式学习分类器的发展。

参考文献

[1] Han J, Kamber M. Data mining: concepts and techniques[M]. San Francisco: Morgan Kaufmann, 2006.

[2] Hastie T, Tibshirani R, Friedman J. The elements of statistical learning: data mining, inference, and prediction[M]. Berlin: Springer Verlag, 2001.

[3] Bishop C. Pattern recognition and machine learning[M]. New York: Springer, 2006.

[4] Mitchell T. Machine Learning[M]. New York: The McGraw-Hill Companies, Inc, 1997.

[5] Lanzi P, Stolzmann W, Wilson S. Learning classifier systems: from foundations to applications[M]. Berlin: Springer Verlag, 2000.

[6] Fernández A, García S, Luengo J, et al. Genetics-based machine learning for rule induction: state of the art, taxonomy, and comparative study [J]. IEEE Transactions on Evolutionary Computation, 2010, 14(6):913-941.

[7] Liu H, Motoda H. Feature extraction, construction and selection: a data mining perspective [M]. Holland: Kluwer Academic Publisher, 1998.

[8] Holland J. Adaptation in natural and artificial systems[M]. Ann Arbor: The University of Michigan Press, 1975.

[9] Orriols Puig A, Casillas J, Bernadó Mansilla E. Genetic-based machine learning systems are competitive for pattern recognition [J]. Evolutionary Intelligence, 2008, 1(3):209-232.

[10] Darwin C. The origin of species[M]. New York: Oxford University

Press，1996.

[11] Mendel J. Experiments in plant hybridization[J]. Verhandlungendes naturforschenden Vereines in Brünn，1865，4:3-47.

[12] Freitas A. Data mining and knowledge discovery with evolutionary algorithms[M]. Berlin：Springer Verlag，2002.

[13] Larranaga P，Lozano J. Estimation of distribution algorithms：A new tool for evolutionary computation[M]. Berlin：Springer Netherlands，2002.

[14] Rechenberg I. Evolution strategie：optimierung technischer systeme nach prinzipien der biologischen evolution[M]. Stuttgart：Frommann-Holzboog，1973.

[15] Fogel L. On the organization of intellect. University of California,Los Angeles-Engineering，1964.

[16] Holland J. Adaptation in natural and artificial systems：an introductory analysis withapplications to biology，control，and artificial intelligence [M]. 2nd ed. Massachusetts：The MIT Press，1992.

[17] Goldberg D. Genetic algorithms in search，optimization，and machine learning[M]. Massachusetts：Addison-Wesley，1989.

[18] Koza J. Genetic programming：on the programming of computers by means of natural selection[M]. Massachusetts：The MIT Press，1992.

[19] Goldberg D. The design of innovation：lessons from and for competent genetic algorithms[M]. Massachusetts：Kluwer Academic Publishers Norwell，2002.

[20] Holland J，Reitman J. Cognitive systems based on adaptive algorithms [M]. San Diego：Academic Press，1978：313-329.

[21] Bernadó-Mansilla E，Garrell-Guiu J M. Accuracy-based learning classifier systems：models，analysis and applications to classification tasks[J]. Evolutionary computation，2003，11(3)：209-238.

[22] Tamee K，Bull L，Pinngern O. Towards clustering with learning classifier systems[M]//Learning Classifier Systems in Data Mining. Springer，Berlin，Heidelberg，2008：191-204.

[23] Shi L D，Shi Y H，Gao Y，et al. XCSc：A novel approach to

clustering with extended classifier system [J]. International Journal of Neural Systems, 2011, 21(01): 79-93.

[24] Butz M V, Pelikan M. Studying XCS/BOA learning in boolean functions: structure encoding and random boolean functions[C]// Proceedings of the 8th annual conference on Genetic and evolutionary computation. 2006: 1449-1456.

[25] Butz M V, Pelikan M, Llorà X, et al. Automated global structure extraction for effective local building block processing in XCS[J]. Evolutionary Computation, 2006, 14(3): 345-380.

[26] Holland J H. Outline for a logical theory of adaptive systems[J]. Journal of the ACM (JACM), 1962, 9(3): 297-314.

[27] Wilson S. Classifier fitness based on accuracy[J]. Evolutionary computation, 1995, 3(2):149- 175.

[28] Kovacs, Tim. Strength or accuracy? Fitness calculation in learning classifier systems. International Workshop on Learning Classifier Systems. Springer, Berlin, Heidelberg,1999.

[29] Butz A, Goldberg B, Stolzmann C. The anticipatory classifier system and genetic generalization[J]. Natural Computing, 2002, 1(4):427-467.

[30] Bull L. Two simple learning classifier systems. In: Bull L, Kovacs T, (eds.). Proceedings of Foundations of Learning Classifier Systems. Springer Berlin / Heidelberg, 2005: 63-89.

[31] Smith S F. A learning system based on genetic adaptive algorithms. Ph. D. Thesis, Univ. of Pittsburgh. 1980.

[32] Jong K A D, Spears W M, Gordon D F. Using genetic algorithms for concept learning[J]. Machine Learning, 1993, 13(2):161-188.

[33] Janikow C. A knowledge-intensive genetic algorithm for supervised learning[J]. Machine Learning, 1993, 13(2):189-228.

[34] Bacardit J. Pittsburgh genetics-based machine learning in the data mining era: representations, generalization, and run-time. Ramon Llull University, 2004.

[35] Bacardit J, Butz M V. Data Mining in Learning Classifier Systems: Comparing XCS with GAssist [C]// Learning Classifier Systems, International Workshops, IWLCS 2003-2005, Revised Selected Papers.

Springer-Verlag, 2005.

[36] Jolliffe I. Principal component analysis[M]. New York: Springer Verlag, 2002.

[37] Lewis II P. The characteristic selection problem in recognition systems[J]. Information Theory, IRE Transactions on, 1962, 8 (2):171-178.

[38] Langley P. Selection of Relevant Features in Machine Learning. Proceedings of the AAAI Fall 94 Symposium on Relevance. AAAI Press, 1994. 140-144.

[39] Davies S, Russl S. NP-completeness of searches for smallest possible feature sets. Proceedings of the AAAI Fall 94 Symposium on Relevance. AAAI Press, 1994. 140-144.

[40] Blum A L, Langley P. Selection of relevant features and examples in machine learning[J]. Artificial Intelligence, 1997, 97(12): 245-271.

[41] Dash M, Liu H. Feature selection for classification[J]. Intelligenet Data Analysis, 1997, 1(3):131-156.

[42] Kira K, Rendell L A. A practical approach to feature selection [M]//Machine Learning Proceedings 1992. Morgan Kaufmann, 1992: 249-256.

[43] Kononenko I. Estimating attributes: Analysis and extensions of RELIEF[C]// European Conference on Machine Learning on Machine Learning. Springer, Berlin, Heidelberg, 1994.

[44] Koller D, Sahami M. Toward optimal feature selection[R]. San Francisco: Stanford InfoLab, 1996.

[45] Kohavi R, John G H. Wrappers for feature subset selection[J]. Artificial Intelligence, 1997.

[46] Kittler J. Feature set search algorithms[C]. In: Sijthoff, Noordhoff N, (eds.). Proceedings of Pattern Recognition and Signal Processing. 1978: 41-60.

[47] Yang J, Honavar V. Feature subset selection using a genetic algorithm [J]. IEEE Intelligent Systems & Their Applications, 2002, 13(2): 44-49.

[48] Martin-Bautista M J, Vila M A. A survey of genetic feature selection in

mining issues〔C〕// Congress on Evolutionary Computation. IEEE，1999.

〔49〕 Quinlan J R. C4. 5：programs for machine learning〔M〕// C4. 5：programs for machine learning. Morgan Kaufmann Publishers Inc. 1992.

〔50〕 Quinlan J R. Induction of Decision Trees〔J〕. Machine Learning，1986，1(1):81-106.

〔51〕 Breiman L，Friedman J，Olshen R，et al. CART：classification and regression trees〔M〕. Belmont，California：Wadsworth，1984.

〔52〕 Duda R O，Hart P E，Storck D G. Pattern Classification〔M〕. Taylor & Francis Group，2000.

〔53〕 Guyon I，Wston J，Barnhill S. Gene Selection for Cancer Classification using Support Vector Machines〔J〕. Machine Learning，2001，46(1/2/3):389-422.

〔54〕 Darkins R. The selfish gene〔M〕. New York：Oxford University Press，1976.

〔55〕 Merz P，Freisleben B. Memetic Algorithms and the Fitness Landscape of the Graph BiPartitioning Problem〔C〕// International Conference on Parallel Problem Solving from Nature. Springer-Verlag，1998.

〔56〕 Ali W，Topchy A. Memetic Optimization of Video Chain Designs〔C〕// Genetic and Evolutionary Computation-GECCO 2004，Genetic and Evolutionary Computation Conference，Seattle，WA，USA，June 26-30，2004，Proceedings，Part II. Springer，Berlin，Heidelberg，2004.

〔57〕 Wong K W，Ong Y S，Eren H，et al. Hybrid fuzzy modelling using memetic algorithm for hydrocyclone control〔C〕// Machine Learning and Cybernetics，2004. Proceedings of 2004 International Conference on. IEEE，2004.

〔58〕 Yeh W. An efficient memetic algorithm for the multi-stage supply chain network problem〔J〕. The International Journal of Advanced Manufacturing Technology，2005，29(7):803-813.

〔59〕 刘漫丹. 文化基因算法（Memetic Algorithm）研究进展〔J〕. 自动化技术与应用，2007，26(011):1-4.

〔60〕 Blakemore S. The meme machine〔M〕. Oxford：Oxford University

Press，1999.

[61] Wilson Edward O. Sociobiology：the new synthesis[M]. Cambridge，MA：Belknap，1975.

[62] Moscato P. On Evolution，Search，Optimization，Genetic Algorithms and Martial Arts-Towards Memetic Algorithms[J]. Caltech Concurrent Computation Program，1989.

[63] Hart W E，Krasnogor N，Smith J E. Editorial Introduction Special Issue on Memetic Algorithms[J]. Evolutionary Computation，2004，12(3)：v-vi.

[64] Ong Y S，Krasnogor N，Ishibuchi H. Special Issue on Memetic Algorithms [J]. IEEE Transactions on Systems Man & Cybernetics Part B，2007，37：2-5.

[65] Hart W E，Krasnogor N，Nottingham U O，et al. Recent Advances in Memetic Algorithms[M]. Berlin：Springer Berlin Heidelberg，2005.

[66] Ong Y S，Lim M H，Zhu N，et al. Classification of adaptive memetic algorithms：a comparative study[J]. IEEE Transactions on Systems，Man，and Cybernetics，Part B：Cybernetics，2006，36(1)：141-152.

[67] Dash M，Ong Y，Zhu Z. WrapperFilter Feature Selection Algorithm Using a Memetic Framework[J]. IEEE Transactions on Systems，Man，and Cybernetics，Part B：Cybernetics，2007.

[68] 焦李成，刘静，钟伟才. 协同进化计算与多智能体系统[M]. 科学出版社，2006.

[69] Ehrlich P R，Raven P H. Butterflies and Plants：A Study in Coevolution[J]. Evolution，1964，18(4)：586-608.

[70] Janzen D H. WHEN IS IT COEVOLUTION？[J]. Evolution，1980，34(3)：611-612.

[71] 郭圆平. 动态种群规模的协同进化算法模型，理论与应用[D]. 中国科学技术大学，2008.

[72] Hillis W D. Co-evolving parasites improve simulated evolution as an optimization procedure[J]. Physica D Nonlinear Phenomena，1990，42(1-3)：228-234.

[73] Potter M A，Jong K A D. Cooperative Coevolution：An Architecture for Evolving Coadapted Subcomponents [J]. Evolutionary Computation，

2014，8(1):1-29.

[74] Rosin C D, Belew R K. New Methods for Competitive Coevolution [J]. Evolutionary Computation, 1997, 5(1):1-29.

[75] Kim Y K, Kim J Y, Kim Y. A Tournament-Based Competitive Coevolutionary Algorithm[J]. Applied Intelligence, 2004, 20 (3):267-281.

[76] Husbands P, Mill F. Simulated Co-Evolution as the Mechanism for Emergent Planning and Scheduling. [C]// Proceedings of the 4th International Conference on Genetic Algorithms, San Diego, CA, USA, July 1991. DBLP, 1991.

[77] Panait L, Wiegand R P, Luke S. Improving coevolutionary search for optimal multiagent behaviors[C]//IJCAI. 2003: 653-660.

[78] Panait L, Luke S, Harrison J F. Archive-based cooperative coevolutionary algorithms[C]//Proceedings of the 8th annual conference on Genetic and evolutionary computation. 2006: 345-352.

[79] Bacardit J, Stout M, Hirst J D, et al. Automated alphabet reduction method with evolutionary algorithms for protein structure prediction [C]//Proceedings of the 9th annual conference on Genetic and evolutionary computation. 2007: 346-353.

[80] Llorà X, Reddy R, Matesic B, et al. Towards better than human capability in diagnosing prostate cancer using infrared spectroscopic imaging [C]//Proceedings of the 9th annual conference on Genetic and evolutionary computation. 2007: 2098-2105.

[81] Lanzi P L. Learning classifier systems: then and now[J]. Evolutionary Intelligence, 2008, 1(1): 63-82.

[82] Fayyad U, Irani K. Multi-interval discretization of continuous-valued attributes for classification learning[J]. In: 13th IJCAI, France: Chambery. 1993.

[83] Steinbach M, Tan P N. kNN: k-nearest neighbors[J]. The top ten algorithms in data mining, 2009: 151-162.

[84] Wilcoxon F. Individual comparisons by ranking methods[M]// Breakthroughs in statistics. Springer, New York, NY, 1992:

196-202.

[85] 陈国良. 并行计算:结构·算法·编程[M]. 北京:高等教育出版
社，2011.

[86] Hwang K,Jotwani N. Advanced computer architecture，3e[M].
Pennsylvania：McGraw-Hill Education，2016.

[87] Ahmad I，Kwok Y K. On exploiting task duplication in parallel
program scheduling［J］. IEEE Transactions on parallel and
distributed systems，1998，9(9)：872-892.

[88] El-Rewini H，Lewis T G，Ali H H. Task scheduling in parallel
and distributed systems ［M］. New Jersey：Prentice-Hall，
Inc.，1994.

[89] Kwok Y K，Ahmad I. Static scheduling algorithms for allocating
directed task graphs to multiprocessors［J］. ACM Computing
Surveys (CSUR)，1999，31(4)：406-471.

[90] Ullman J D. NP-complete scheduling problems[J]. Journal of
Computer and System sciences，1975，10(3)：384-393.

[91] Hu T C. Parallel sequencing and assembly line problems[J].
Operations research，1961，9(6)：841-848.

[92] Coffman E G，Graham R L. Optimal scheduling for two-processor
systems[J]. Acta informatica，1972，1(3)：200-213.

[93] Papadimitriou C H，Yannakakis M. Scheduling interval-ordered
tasks[J]. SIAM Journal on Computing，1979，8(3)：405-409.

[94] Adam T L，Chandy K M，Dickson J R. A comparison of list
schedules for parallel processing systems[J]. Communications of
the ACM，1974，17(12)：685-690.

[95] Kwok Y K，Ahmad I. Dynamic critical-path scheduling：An
effective technique for allocating task graphs to multiprocessors
［J］. IEEE transactions on parallel and distributed systems，
1996，7(5)：506-521.

[96] Hwang JJ，Chow Y C，Anger F D，et al. Scheduling precedence
graphs in systems with interprocessor communication times[J].
SIAM Journal on Computing，1989，18(2)：244-257.

[97] Wu M Y,Gajski D D. Hypertool：A programming aid for message-
passing systems[J]. IEEE transactions on parallel and distributed

systems，1990，1(3)：330-343.

[98]　Topcuoglu H，Hariri S，Wu M. Performance-effective and low-complexity task scheduling for heterogeneous computing [J]. IEEE transactions on parallel and distributed systems，2002，13 (3)：260-274.

[99]　Daoud M I，Kharma N. A high performance algorithm for static task scheduling in heterogeneous distributed computing systems [J]. Journal of Parallel and distributed computing，2008，68(4)：399-409.

[100]　Yang T，Gerasoulis A. DSC：Scheduling parallel tasks on an unbounded number of processors [J]. IEEE Transactions on Parallel and Distributed Systems，1994，5(9)：951-967.

[101]　Glover F，Kochenberger G. Handbook of Metaheuristics [M]. Norwell，MA：Kluwer Academic Publishers，2003.

[102]　Kalashnikov A V，Kostenko V A. A parallel algorithm of simulated annealing for multiprocessor scheduling [J]. Journal of Computer and Systems Sciences International，2008，47(3)：455-463.

[103]　Porto S C S，Ribeiro C C. A tabu search approach to task scheduling on heterogeneous processors under precedence constraints [J]. International Journal of high speed computing，1995，7(01)：45-71.

[104]　Ercan M F，Oǧuz C. Performance of local search heuristics on scheduling a class of pipelined multiprocessor tasks [J]. Computers & Electrical Engineering，2005，31(8)：537-555.

[105]　Davidović T，Hansen P，Mladenović N. Permutation-based genetic，tabu，and variable neighborhood search heuristics for multiprocessor scheduling with communication delays [J]. Asia-Pacific Journal of Operational Research，2005，22(03)：297-326.

[106]　Hou E S H，Ansari N，Ren H. A genetic algorithm for multiprocessor scheduling [J]. IEEE Transactions on Parallel and Distributed systems，1994，5(2)：113-120.

[107]　Yu H. Optimizing task schedules using an artificial immune system approach [C]//Proceedings of the 10th annual conference

on Genetic and evolutionary computation. 2008：151-158.

[108] Tumeo A，Pilato C，Ferrandi F，et al. Ant colony optimization for mapping and scheduling in heterogeneous multiprocessor systems［C］//2008 International Conference on Embedded Computer Systems：Architectures，Modeling，and Simulation. IEEE，2008：142-149.

[109] Omidi A，Rahmani A M. Multiprocessor independent tasks scheduling using a novel heuristic PSO algorithm[C]//2009 2nd IEEE International Conference on Computer Science and Information Technology. IEEE，2009：369-373.

[110] Ahmad I，Dhodhi M K. Multiprocessor scheduling in a genetic paradigm[J]. Parallel Computing，1996，22(3)：395-406.

[111] Corrêa R C，Ferreira A，Rebreyend P. Scheduling multiprocessor tasks with genetic algorithms[J]. IEEE Transactions on Parallel and Distributed systems，1999，10(8)：825-837.

[112] Wu A S，Yu H，Jin S，et al. An incremental genetic algorithm approach to multiprocessor scheduling[J]. IEEE Transactions on parallel and distributed systems，2004，15(9)：824-834.

[113] Bonyadi M R，Moghaddam M E. A bipartite genetic algorithm for multi-processor task scheduling[J]. International Journal of Parallel Programming，2009，37(5)：462-487.

[114] Zomaya A Y，Ward C，Macey B. Genetic scheduling for parallel processor systems：comparative studies and performance issues [J]. IEEE Transactions on Parallel and Distributed systems，1999，10(8)：795-812.

[115] ShahidA，Benten M S T，Sait S M. GSA：Scheduling and allocation using genetic algorithm［C］// Proceedings EURO-DAC'94，European Design Automation Conference，Grenoble，France，September 19-22，1994.

[116] Omara F A，Arafa M M. Genetic algorithms for task scheduling problem ［M］//Foundations of Computational Intelligence Volume 3. Springer，Berlin，Heidelberg，2009：479-507.

[117] Krasnogor N，Smith J. A tutorial for competent memetic algorithms：model，taxonomy，and design issues［J］. IEEE

Transactions on Evolutionary Computation，2005，9（5）：474-488.

[118] Goh C K，Teoh E J，Tan K C. A hybrid evolutionary approach for heterogeneous multipro-cessor scheduling. Soft Computing，2009，13(8-9，Sp. Iss. SI)：833-846.

[119] Jelodar M S，Fakhraie S N，Montazeri F，et al. A representation for genetic-algorithm-based multiprocessor task scheduling ［C］//2006 IEEE International Conference on Evolutionary Computation. IEEE，2006：340-347.

[120] Hwang R，Gen M，Katayama H. A comparison of multiprocessor task scheduling algorithms with communication costs［J］. Computers & Operations Research，2008，35(3)：976-993.

[121] Wen Y，Xu H，Yang J. A heuristic-based hybrid genetic algorithm for heterogeneous multiprocessor scheduling［C］//Proceedings of the 12th annual conference on Genetic and evolutionary computation. 2010：729-736.

[122] Mladenović N，Hansen P. Variable neighborhood search［J］. Computers & operations research，1997，24(11)：1097-1100.

[123] Hansen P，Mladenović N，Pérez J A M. Variable neighbourhood search：methods and applications［J］. Annals of Operations Research，2010，175(1)：367-407.

[124] Gerasoulis A，Yang T. Performance bounds for column-block partitioning of parallel Gaussian elimination and Gauss-Jordan methods[J]. Applied numerical mathematics，1994，16（1-2）：283-297.

[125] Chung Y C，Ranka S. Applications and performance analysis of a compile-time optimization approach for list scheduling algorithms on distributed memory multiprocessors ［C］//SC. 1992：512-521.

[126] Demšar J. Statistical comparisons of classifiers over multiple data sets［J］. Journal of Machine learning research，2006，7 （Jan）：1-30.

[127] Friedman M. A comparison of alternative tests of significance for the problem of m rankings［J］. The Annals of Mathematical

Statistics，1940，11(1)：86-92.

[128] Iman R L，Davenport J M. Approximations of the critical region of thefbietkan statistic[J]. Communications in Statistics-Theory and Methods，1980，9(6)：571-595.

[129] Holm S. A simple sequentially rejective multiple test procedure [J]. Scandinavian journal of statistics，1979：65-70.

[130] Russell S，Norvig P. Artificial Intelligence：A Modern Approach，3rd Edition[J]. Applied Mechanics & Materials，1995，263(5)：2829-2833.

[131] Sigaud O，Wilson S W. Learning classifier systems：a survey [J]. Soft Computing，2007，11(11)：1065-1078.

[132] Urbanowicz R J，Moore J H. Learning Classifier Systems：A Complete Introduction，Review，and Roadmap[J]. Journal of Artificial Evolution & Applications，2009(1)：1-25.

[133] Bacardit J，Bernadó-Mansilla E，Butz M V. Learning classifier systems：looking back and glimpsing ahead[M]//Learning Classifier Systems. Springer，Berlin，Heidelberg，2006：1-21.

[134] Holland J H. Adaptation in natural and artificial systems：an introductory analysis with applications to biology，control，and artificial intelligence[M].Cambridge：MIT press，1992.

[135] Goldberg D E. Genetic Algorithm in Search Optimization and Machine Learning [J]. Addison Wesley，1989，xiii(7)：2104-2116.

[136] Jong K D. Evolutionary Computation：A Unified Approach[M]. Cambridge，MA：MIT Press，2006.

[137] Fernández A，García S，Luengo J，et al. Genetics-based machine learning for rule induction：state of the art，taxonomy，and comparative study [J]. IEEE Transactions on Evolutionary Computation，2010，14(6)：913-941.

[138] Bacardit J，Stout M，Hirst J D，et al. Automated alphabet reduction method with evolutionary algorithms for protein structure prediction [C]//Proceedings of the 9th annual conference on Genetic and evolutionary computation. 2007：346-353.

[139] Llorà X，Priya A，Bhargava R. Observer-invariant histopathology using genetics-based machine learning[J]. Natural Computing，2009，8(1)：101-120.

[140] Shafi K，Kovacs T，Abbass H A，et al. Intrusion detection with evolutionary learning classifier systems [J]. Natural Computing，2009，8(1)：3-27.

[141] Preen R. An XCS approach to forecasting financial time series [C]//Proceedings of the 11th Annual Conference Companion on Genetic and Evolutionary Computation Conference：Late Breaking Papers. 2009：2625-2632.

[142] Larrañaga P，Lozano J A. Estimation of Distribution Algorithms：A New Tool for Evolutionary Computation [M]. Boston，MA：Kluwer，2002.

[143] Pelikan M，Goldberg D E，Lobo F G. A survey of optimization by building and using probabilistic models[J]. Computational optimization and applications，2002，21(1)：5-20.

[144] Hauschild M，Pelikan M. An introduction and survey of estimation of distribution algorithms[J]. Swarm and evolutionary computation，2011，1(3)：111-128.

[145] Pelikan M，Goldberg D E，Cantú-Paz E. BOA：The Bayesian optimization algorithm [C]//Proceedings of the genetic and evolutionary computation conference GECCO-99. 1999，1：525-532.

[146] Pelikan M，Goldberg D E，Cantu-Paz E. Linkage problem，distribution estimation，and Bayesian networks [J]. Evolutionary computation，2000，8(3)：311-340.

[147] Hauschild M，Pelikan M，Sastry K，et al. Analyzing probabilistic models in hierarchical BOA [J]. IEEE Transactions on Evolutionary Computation，2009，13(6)：1199-1217.

[148] Pelikan M，Goldberg D E. Hierarchical Bayesian optimization algorithm [M]//Scalable optimization via probabilistic modeling. Springer，Berlin，Heidelberg，2006：63-90.

[149] Pelikan M，Goldberg D E，Tsutsui S. Hierarchical Bayesian optimization algorithm：toward a new generation of evolutionary

algorithms[C]//SICE 2003 Annual Conference (IEEE Cat. No. 03TH8734). IEEE, 2003, 3: 2738-2743.

[150] Correa E S, Shapiro J L. Model complexity vs. performance in the Bayesian optimization algorithm [M]//Parallel Problem Solving from Nature-PPSN IX. Springer, Berlin, Heidelberg, 2006: 998-1007.

[151] Yu X, Gen M. Introduction to evolutionary algorithms[M]. Berilin: Springer Science & Business Media, 2010.

[152] Rechenberg I. Evolutionsstrategie: Optimierung Technischer Systeme Nach Prinzipien der Biologischen Evolution [M]. Fromman-Holzboog, 1973.

[153] Fogel L J. On the Organization of Intellect[D]. University of California, 1964.

[154] Clerc M. Particle swarm optimization[M]. New Jersey: John Wiley & Sons, 2010.

[155] Dorigo M, Birattari M, Stutzle T. Ant colony optimization[J]. IEEE computational intelligence magazine, 2006, 1(4): 28-39.

[156] Castro L N, De Castro L N, Timmis J. Artificial immune systems: a new computational intelligence approach [M]. Berlin: Springer Science & Business Media, 2002.

[157] Das S, Suganthan P N. Differential evolution: A survey of the state-of-the-art [J]. IEEE transactions on evolutionary computation, 2010, 15(1): 4-31.

[158] Goldberg D E. The Design of Innovation: Lessons from and for Competent Genetic Algorithmsby David E. Goldberg [M]. Berlin: Springer Science & Business Media, 2002.

[159] Deb K, Goldberg D E. Sufficient conditions for deceptive and easy binary functions[J]. Annals of mathematics and Artificial Intelligence, 1994, 10(4): 385-408.

[160] Thierens D. Analysis and Design of Genetic Algorithms[J/OL]. pages: 216, 1995. DOI: https://lirias. kuleuven. be/handle/ 123456789/179906.

[161] Harik G, Cantú-Paz E, Goldberg D E, et al. The gambler's ruin problem, genetic algorithms, and the sizing of populations[J].

Evolutionary Computation，1999，7(3)：231-253.

［162］ Scalable optimization via probabilistic modeling［M］. Berlin：Springer-Verlag Berlin Heidelberg，2006.

［163］ Mühlenbein H. The equation for response to selection and its use for prediction［J］. Evolutionary Computation，1997，5(3)：303-346.

［164］ Harik G R，Lobo F G，Goldberg D E. The compact genetic algorithm［J］. IEEE transactions on evolutionary computation，1999，3(4)：287-297.

［165］ Baluja S. Population-based incremental learning. a method for integrating genetic search based function optimization and competitive learning［R］. Carnegie-Mellon Univ Pittsburgh Pa Dept Of Computer Science，1994.

［166］ De Bonet J S，Isbell Jr C L，Viola P A. MIMIC：Finding optima by estimating probability densities［C］//Advances in neural information processing systems. 1997：424-430.

［167］ Pelikan M，Mühlenbein H. The bivariate marginal distribution algorithm［M］//Advances in Soft Computing. Springer，London，1999：521-535.

［168］ Bosman P A N，Thierens D. Linkage information processing in distribution estimation algorithms［M］. Holland：Information and Computing Sciences，1999.

［169］ Koller D，Friedman N. Probabilistic graphical models：principles and techniques［M］.Cambridge：MIT press，2009.

［170］ Mühlenbein H，Mahnig T，Rodriguez A O. Schemata, distributions and graphical models in evolutionary optimization［J］. Journal of Heuristics，1999，5(2)：215-247.

［171］ Harik G R，Lobo F G，Sastry K. Linkage learning via probabilistic modeling in the extended compact genetic algorithm (ecga)［M］//Scalable optimization via probabilistic modeling. Springer，Berlin，Heidelberg，2006：39-61.

［172］ Etxeberria R. Global optimization using Bayesian networks［C］//Proc. 2nd Symposium on Artificial Intelligence (CIMAF-99). 1999.

［173］ Sutton R S，Barto A G. Reinforcement learning：An introduction

[M]. Cambridge: MIT press, 2018.

[174] Holmes J H, Lanzi P L, Stolzmann W, et al. Learning classifier systems: New models, successful applications[J]. Information Processing Letters, 2002, 82(1): 23-30.

[175] Wilson S W. ZCS: A zeroth level classifier system[J]. Evolutionary computation, 1994, 2(1): 1-18.

[176] Butz M V. Rule-based evolutionary online learning systems[M]. Berlin: Springer-Verlag, 2006.

[177] Orriols Puig A, Casillas J, Bernadó Mansilla E. Fuzzy-UCS: a Michigan-style learning fuzzy-classifier system for supervised learning[J]. IEEE transactions on evolutionary computation, 2008, 13(2): 260-283.

[178] Orriols Puig A, Bernadó Mansilla E, Goldberg D E, et al. Facetwise analysis of XCS for problems with class imbalances [J]. IEEE Transactions on Evolutionary Computation, 2009, 13(5): 1093-1119.

[179] Tamee K, Bull L, Pinngern O. Towards clustering with XCS [C]//Proceedings of the 9th annual conference on Genetic and evolutionary computation. 2007: 1854-1860.

[180] Butz M V, Lanzi P L, Wilson S W. Function approximation with XCS: Hyperellipsoidal conditions, recursive least squares, and compaction [J]. IEEE Transactions on Evolutionary Computation, 2008, 12(3): 355-376.

[181] Bernadó Mansilla E, Garrell Guiu J M. Accuracy-based learning classifier systems: models, analysis and applications to classification tasks [J]. Evolutionary computation, 2003, 11 (3): 209-238.

[182] Smith S F. A learning system based on genetic adaptive algorithms[J]. Ph. D. Thesis, Univ. of Pittsburgh, 1980.

[183] Bacardit J. Pittsburgh genetics-based machine learning in the data mining era: representations, generalization, and run-time [D]. PhD thesis, Ramon Llull University, Barcelona, Catalonia, Spain, 2004.

[184] Bacardit J, Butz M V. Data mining in learning classifier systems:

comparing XCS with GAssist[M]//Learning Classifier Systems. Springer, Berlin, Heidelberg, 2003: 282-290.

[185] Chickering D M, Heckerman D, Meek C. Large-sample learning of Bayesian networks is NP-hard [J]. Journal of Machine Learning Research, 2004, 5(10): 1287-1330.

[186] Heckerman D, Geiger D, Chickering D M. Learning Bayesian networks: The combination of knowledge and statistical data [J]. Machine learning, 1995, 20(3): 197-243.

[187] Cheng J, Greiner R, Kelly J, et al. Learning Bayesian networks from data: An information-theory based approach[J]. Artificial intelligence, 2002, 137(1-2): 43-90.

[188] Schwarz G. Estimating the dimension of a model[J]. The annals of statistics, 1978, 6(2): 461-464.

[189] Cover T M. Elements of information theory[M]. New Jersey: John Wiley & Sons, 1999.

[190] Andrew G, Gao J. Scalable training of L 1-regularized log-linear models[C]//Proceedings of the 24th international conference on Machine learning. 2007: 33-40.

[191] Tibshirani R. Regression shrinkage and selection via the lasso [J]. Journal of the Royal Statistical Society: Series B (Methodological), 1996, 58(1): 267-288.

[192] Schmidt M. Graphical model structure learning with l1-regularization [J]. University of British Columbia, 2010.

[193] Vidaurre D, Bielza C, Larrañaga P. Learning an L1-regularized Gaussian Bayesian network in the equivalence class space[J]. IEEE Transactions on Systems, Man, and Cybernetics, Part B (Cybernetics), 2010, 40(5): 1231-1242.

[194] Teyssier M, Koller D. Ordering-based search: A simple and effective algorithm for learning Bayesian networks [J/OL]. arXiv preprint arXiv:1207.1429, 2012. https://arxiv.org/abs/ 1207.1429. DOI: 10.5555/3020336.3020407.

[195] Meinshausen N, Bühlmann P. High-dimensional graphs and variable selection with the lasso[J]. The annals of statistics, 2006, 34(3): 1436-1462.

[196] Cooper G F, Herskovits E. A Bayesian method for the induction of probabilistic networks from data[J]. Machine learning, 1992, 9(4): 309-347.

[197] Lima C F, Pelikan M, Goldberg D E, et al. Linkage learning accuracy in the Bayesian optimization algorithm[M]//Linkage in Evolutionary Computation. Springer, Berlin, Heidelberg, 2008: 87-107.

[198] Lozano J A, Larrañaga P, Inza I n, et al. Towards a New Evolutionary Computation: Advances on Estimation of Distribution Algorithms[M]. New York: Springer-Verlag New York, Inc. , 2006.

[199] Chen Y, Goldberg D E. Convergence time for the linkage learning genetic algorithm [J]. Evolutionary computation, 2005, 13(3): 279-302.

[200] Sheskin D J. Handbook of parametric and nonparametric statistical procedures[M]. Florida: crc Press, 2020.

[201] García S, Molina D, Lozano M, et al. A study on the use of non-parametric tests for analyzing the evolutionary algorithms' behaviour: a case study on the CEC'2005 special session on real parameter optimization[J]. Journal of Heuristics, 2009, 15(6): 617.

[202] García S, Fernández A, Luengo J, et al. A study of statistical techniques and performance measures for geneticsbased machine learning: accuracy and interpretability[J]. Soft Computing, 2009, 13(10): 959.

[203] García S, Fernández A, Luengo J, et al. Advanced nonparametric tests for multiple comparisons in the design of experiments in computational intelligence and data mining: Experimental analysis of power[J]. Information sciences, 2010, 180(10): 2044-2064.

[204] Su C T, Hsu J H. An extended chi2 algorithm for discretization of real value attributes[J]. IEEE transactions on knowledge and data engineering, 2005, 17(3): 437-441.

[205] Yu E L, Suganthan P N. Ensemble of niching algorithms[J].

Information Sciences，2010，180(15)：2815-2833.

[206] Cedeño W，Vemuri V R，Slezak T. Multiniche crowding in genetic algorithms and its application to the assembly of DNA restriction-fragments[J]. Evolutionary Computation，1994，2 (4)：321-345.

[207] Della Cioppa A，De Stefano C，Marcelli A. Where are the niches? Dynamic fitness sharing[J]. IEEE Transactions on Evolutionary Computation，2007，11(4)：453-465.

[208] Kim J K，Cho D H，Jung H K，et al. Niching genetic algorithm adopting restricted competition selection combined with pattern search method[J]. IEEE transactions on magnetics，2002，38 (2)：1001-1004.

[209] Harik G R. Finding Multimodal Solutions Using Restricted Tournament Selection[C]//ICGA. 1995：24-31.

[210] Hamming R W. Error detecting and error correcting codes[J]. The Bell system technical journal，1950，29(2)：147-160.

[211] Asuncion A. UCI Machine Learning Repository，University of California，Irvine，School of Information and Computer Sciences [J/OL]. 2007，http://www. ics. uci. edu/~ mlearn/ MLRepository. html.

[212] Butz M V，Goldberg D E，Tharakunnel K. Analysis and improvement of fitness exploitation in XCS: Bounding models， tournament selection，and bilateral accuracy[J]. Evolutionary computation，2003，11(3)：239-277.

[213] Witten I H，Frank E. Data mining：practical machine learning tools and techniques with Java implementations[J]. Acm Sigmod Record，2002，31(1)：76-77.

[214] Frank E，Witten I H. Generating accurate rule sets without global optimization[J]. Proc Fifteenth Int Conf on Machine Learning，1998，36：144-151.

[215] Cristianini N，Shawe-Taylor J. An introduction to support vector machines and other kernel-based learning methods[M]. United Kingdom：Cambridge university press，2000.

[216] Llorà X，Sastry K. Fast rule matching for learning classifier systems via vector instructions［C］//Proceedings of the 8th annual conference on Genetic and evolutionary computation. 2006：1513-1520.

[217] Feature extraction, construction and selection：A data mining perspective［M］. Berlin：Springer Science & Business Media，1998.

[218] Guyon I，Elisseeff A. An introduction to variable and feature selection［J］. Journal of machine learning research，2003，3 (Mar)：1157-1182.

[219] Tuv E，Borisov A，Runger G，et al. Feature selection with ensembles，artificial variables，and redundancy elimination［J］. The Journal of Machine Learning Research，2009，10：1341-1366.

[220] GuyonI，Saffari A，Dror G，et al. Model Selection：Beyond the Bayesian/Frequentist Divide［J］. Journal of Machine Learning Research，2010，11(1)：61-87.

[221] Weston J，Mukherjee S，Chapelle O，et al. Feature selection for SVMs［C］//Advances in neural information processing systems. 2001：668-674.

[222] Pellet J P，Elisseeff A. Using Markov blankets for causal structure learning［J］. Journal of Machine Learning Research，2008，9(Jul)：1295-1342.

[223] Aliferis C F，Statnikov A R，Tsamardinos I，et al. Local Causal and Markov Blanket Induction for Causal Discovery and Feature Selection for Classification Part I：Algorithms and Empirical Evaluation［J］. Journal of Machine Learning Research，2010，11(1)：171-234.

[224] Abedini M，Kirley M. CoXCS：a coevolutionary learning classifier based on feature space partitioning［C］//Australasian Joint Conference on Artificial Intelligence. Springer，Berlin，Heidelberg，2009：360-369.

[225] Abedini M，Kirley M. A multiple population XCS：Evolving

condition-action rules based on feature space partitions［C］// IEEE Congress on Evolutionary Computation. IEEE，2010：1-8.

［226］ Eric Neufeld，Pearl Judea. Probabilistic reasoning in intelligent systems：networks of plausible inference. Series in representation and reasoning. Morgan Kaufmann，San Mateo 1988，xix ＋ 552 pp. ［J］. Journal of Symbolic Logic，1993，58(2)：721.

［227］ Robnik Šikonja M，Kononenko I. Theoretical and empirical analysis of ReliefF and RReliefF［J］. Machine learning，2003，53(1-2)：23-69.

［228］ Dietterich T G，Bakiri G. Solving multiclass learning problems via error-correcting output codes［J］. Journal of artificial intelligence research，1994，2：263-286.

［229］ Crammer K，Singer Y. On the learnability and design of output codes for multiclass problems［J］. Machine learning，2002，47(2-3)：201-233.

［230］ Pujol O，Radeva P，Vitria J. Discriminant ECOC：A heuristic method for application dependent design of error correcting output codes［J］. IEEE Transactions on Pattern Analysis and Machine Intelligence，2006，28(6)：1007-1012.

［231］ Pujol O，Escalera S，Radeva P. An incremental node embedding technique for error correcting output codes［J］. Pattern Recognition，2008，41(2)：713-725.

［232］ Kuncheva L I. Using diversity measures for generating error-correcting output codes in classifier ensembles［J］. Pattern Recognition Letters，2005，26(1)：83-90.

［233］ García Pedrajas N，Fyfe C. Evolving output codes for multiclass problems［J］. IEEE Transactions on Evolutionary Computation，2008，12(1)：93-106.

［234］ Gendreau M，Potvin J Y. Handbook of Metaheuristics［M］. New York：Springer Publishing Company，Incorporated，2010.

［235］ García Pedrajas N，Ortiz Boyer D. An empirical study of binary classifier fusion methods for multiclass classification ［J］.

Information Fusion, 2011, 12(2): 111-130.

[236] Rifkin R, Klautau A. In defense of one-vs-all classification[J]. Journal of machine learning research, 2004, 5(Jan): 101-141.

[237] Masulli F, Valentini G. Effectiveness of error correcting output codes in multiclass learning problems [C]//International Workshop on Multiple Classifier Systems. Springer, Berlin, Heidelberg, 2000: 107-116.

[238] Yule G U. VII. On the association of attributes in statistics: with illustrations from the material of the childhood society, &c [J]. Philosophical Transactions of the Royal Society of London. Series A, Containing Papers of a Mathematical or Physical Character, 1900, 194(252-261): 257-319.

[239] Kuncheva L I, Whitaker C J. Measures of diversity in classifier ensembles and their relationship with the ensemble accuracy [J]. Machine learning, 2003, 51(2): 181-207.

[240] Halkidi M, Batistakis Y, Vazirgiannis M. Cluster validity methods: part I[J]. ACM Sigmod Record, 2002, 31(2): 40-45.

[241] Halkidi M, Batistakis Y, Vazirgiannis M. Clustering validity checking methods: part II[J]. ACM Sigmod Record, 2002, 31(3): 19-27.

[242] Bezdek J C, Pal N R. Some new indexes of cluster validity[J]. IEEE Transactions on Systems, Man, and Cybernetics, Part B (Cybernetics), 1998, 28(3): 301-315.

[243] Allwein E L, Schapire R E, Singer Y. Reducing multiclass to binary: A unifying approach for margin classifiers[J]. Journal of machine learning research, 2000, 1(Dec): 113-141.

[244] Windeatt T, Ghaderi R. Coding and decoding strategies for multi-class learning problems[J]. Information Fusion, 2003, 4(1): 11-21.

[245] Ghaderi R, Windeatt T. Least squares and estimation measures via error correcting output code[C]//International Workshop on Multiple Classifier Systems. Springer, Berlin, Heidelberg, 2001: 148-157.